上海市工程建设规范

建设工程水文地质勘察标准

Standard for hydrogeological investigation of construction engineering

DG/TJ 08－2308－2019
J 14950－2019

主编单位：上海广联环境岩土工程股份有限公司
华东建筑设计研究院有限公司
批准部门：上海市住房和城乡建设管理委员会
施行日期：2020 年 5 月 1 日

同济大学出版社

2020　上海

图书在版编目(CIP)数据

建设工程水文地质勘察标准/上海广联环境岩土工程股份有限公司，华东建筑设计研究院有限公司主编.--上海:同济大学出版社，2020.5

ISBN 978-7-5608-9189-7

Ⅰ.①建… Ⅱ.①上… ②华… Ⅲ.①水文地质勘探—地方标准—上海 Ⅳ.①P641.72-65

中国版本图书馆 CIP 数据核字(2020)第 034936 号

建设工程水文地质勘察标准

上海广联环境岩土工程股份有限公司
华东建筑设计研究院有限公司 主编

策划编辑 张平官

责任编辑 朱 勇

责任校对 徐春莲

封面设计 陈益平

出版发行 同济大学出版社 www.tongjipress.com.cn

(地址:上海市四平路 1239 号 邮编: 200092 电话:021－65985622)

经 销 全国各地新华书店

印 刷 浦江求真印务有限公司

开 本 889mm×1194mm 1/32

印 张 3.875

字 数 104000

版 次 2020 年 5 月第 1 版 2020 年 5 月第 1 次印刷

书 号 ISBN 978-7-5608-9189-7

定 价 35.00 元

上海市住房和城乡建设管理委员会文件

沪建标定〔2019〕831号

上海市住房和城乡建设管理委员会
关于批准《建设工程水文地质勘察标准》为
上海市工程建设规范的通知

各有关单位：

由上海广联环境岩土工程股份有限公司和华东建筑设计研究院有限公司主编的《建设工程水文地质勘察标准》，经我委审核，现批准为上海市工程建设规范，统一编号为DG/TJ 08－2308－2019，自2020年5月1日起实施。

本规范由上海市住房和城乡建设管理委员会负责管理，上海广联环境岩土工程股份有限公司负责解释。

特此通知。

上海市住房和城乡建设管理委员会

二〇一九年十二月十二日

前言

根据上海市城乡建设和交通委员会《关于印发〈2013 年上海市工程建设规范和标准设计编制计划〉的通知》(沪建交〔2013〕1236 号)的要求,由上海广联环境岩土工程股份有限公司和华东建筑设计研究院有限公司会同有关单位组成编制组,在深入调查研究,认真总结实践经验,全面参考国内外有关设计、施工规范,并在广泛征求有关单位、专家的意见基础上,编制了本标准。

在编制过程中,标准编制组开展了专题研究,进行了比较广泛的调查,总结了近年来上海市建设工程水文地质勘察、地下水控制设计与施工的实践经验与教训,适当采纳近几年已成熟应用的新技术,形成了初稿,又以多种方式广泛征求了上海市有关单位的意见,对主要问题进行了反复修改,最后由上海市住房和城乡建设管理委员会组织有关专家审查定稿。

本标准主要内容包括:总则;术语和符号;基本规定;勘察等级和勘察纲要;水文地质试验与监测;回灌试验;水文地质参数计算;水文地质分析评价;水文地质勘察成果文件以及附录等内容。

为了提高本标准质量,请各单位及相关人员在执行本标准的过程中,注意总结经验,积累资料,随时将有关意见和建议反馈至上海广联环境岩土工程股份有限公司(地址:上海市园康路 255 号;邮编:200444;E-mail:glgfgg@shglgf.com),或上海市建筑建材业市场管理总站(地址:上海市小木桥路 683 号;邮编:200032;E-mail:bzglk@zjw.sh.gov.cn),以供修订时参考。

主 编 单 位:上海广联环境岩土工程股份有限公司
华东建筑设计研究院有限公司

参 编 单 位:(排名不分先后)
上海市土木工程学会
同济大学
上海交通大学
上海工程技术大学
上海地质调查研究院
上海隧道工程有限公司
上海申通地铁集团有限公司
上海隧道市政公用工程设计院
上海基础工程集团有限公司
上海长凯岩土工程有限公司
上海申元岩土工程有限公司
中船勘察设计研究院
上海市隧道工程轨道交通设计研究院
上海城市建设设计研究总院
上海新地海洋工程技术有限公司

主要起草人:缪俊发 王卫东 崔永高
(以下按姓氏笔画排序)
王仕伟 王秀志 王建秀 王箭明 石振明
兰 韡 史小锐 叶国强 石长礼 毕湘利
朱 蕾 朱卫杰 朱雪周 朱雁飞 刘 菊
刘荣毅 杨天亮 李 伟 李 青 李文勇
李耀良 严学新 沈水龙 张云海 张英英
陆建生 陈 晖 武永霞 项培林 胡 耘
娄荣祥 聂书博 顾伟华 曹庆霞 宿文德
梁志荣 程晓龙 傅 莉 熊卫兵 潘伟强
瞿成松

主 要 审 查 人:周质炎　仵彦卿　周念清　杨国祥　傅德明
杨志豪　龙莉波

上海市建筑建材业市场管理总站

2019 年 10 月

目　次

Contents

1 总 则

1.0.1 为规范上海地区建设工程水文地质勘察，加强环境保护，做到技术先进、安全适用、经济合理、确保质量，特制定本标准。

1.0.2 本标准适用于上海地区建筑、市政、港口、水利等各类建设工程的水文地质勘察。

1.0.3 建设工程水文地质勘察除应符合本标准的规定外，尚应符合国家、行业和本市现行有关标准的规定。

2 术语和符号

2.1 术 语

2.1.1 水文地质勘察 hydrogeological investigation

采用水文地质调查、勘探、现场水文地质试验等多种勘察手段和方法，查明工程建设场地的水文地质条件，编制工程水文地质勘察报告。

2.1.2 水文地质条件 hydrogeological conditions

建设场地及其周边的含水层、弱透水层和隔水层的空间分布规律、地下水的埋藏类型、地下水补给及径流与排泄特征、各含水层与弱透水层的水位埋深和变化幅度、含水层与弱透水层的水文地质参数、含水层之间的水力联系、水质和水量等的总称。

2.1.3 地下水控制 groundwater controlling

为满足工程建设需要而进行的地下水水位、水质及土体含水量控制。常用控制方法包括降排水、隔水、回灌及水质处理等。

2.1.4 悬挂式帷幕减压降水 confind aquifer dewatering with suspended waterproof curtain

未穿越减压降水目的含水层(组)、仅阻断帷幕深度内两侧含水层(组)水平向水力联系的隔水帷幕，称为悬挂式隔水帷幕，简称“悬挂式帷幕”。降水井滤管底标高高于悬挂式帷幕底标高的减压降水，称为悬挂式帷幕减压降水。

2.1.5 水文地质概念模型 conceptual hydrogeological model

将含水层(组)的实际边界性质、内部结构、渗透性能、水力特征和补给排泄等条件概化后形成的便于进行数学与物理模拟的虚拟地质模型。

2.1.6 富水性 water yield property

表征含水层水量丰富程度的指标。一般以一定降深、一定口径下的单孔出水量、单位涌水量来表示。

2.1.7 水文地质参数 hydrogeological parameters

表征岩土体水文地质特征的定量指标，包括渗透系数、导水系数、弹性释水系数或弹性贮水系数、压力传导系数、影响半径、给水度、越流系数等。

2.1.8 单孔抽水试验 pumping test in single hole

仅在一个抽水孔中进行的抽水试验。

2.1.9 群孔抽水试验 pumping test in multiple holes

在两个或两个以上的抽水孔中同时抽水并配置观测孔，各孔的水位和水量有明显相互影响的抽水试验。

2.1.10 单孔回灌试验 reinjection test in single hole

仅在一个回灌孔中进行的带观测孔的回灌试验。

2.1.11 群孔回灌试验 reinjection test in multiple holes

在两个或两个以上的回灌孔中同时灌水并配置观测孔，各孔的水位和水量有明显相互影响的回灌试验。

2.1.12 稳定流抽水试验 steady-flow pumping test

在抽水过程中，要求出水量和动水位同时达到相对稳定，并延续一定时间的抽水试验。

2.1.13 非稳定流抽水试验 unsteady-flow pumping test

在抽水过程中，一般仅保持抽水量稳定而观测地下水位变化，或保持抽水孔内水位降深固定，而观测抽水量和含水层中地下水位变化的抽水试验。

2.1.14 水量回灌率 reinjection ratio of flow rate

钻孔结构相同的前提下，单孔回灌水量与单孔抽水量之比，或相同数量的群孔回灌水量与群孔抽水量之比。

2.1.15 地下水位回灌效应 reinjection effect on groundwater level

回灌引起的水位升幅与回灌前相同位置处的初始水位降深

之比。

2.1.16 地层回弹回灌效应 reinjection effect on vertical upheaval of strata

回灌引起的地层竖向回弹变形与相同位置处的水位升幅之比。

2.1.17 微水试验 slug test

通过瞬间井孔内微小水量的增加或减少，引起井孔水位随时间的变化，确定含水层水文地质参数的一种简易方法。

2.1.18 水质处理 water quality treatment

为使水质达到一定的使用标准而采取的物理、化学、生物处理措施。

2.2 符 号

a——压力传导系数；

b——土层厚度；

B——越流因子；

E_s——土的侧限压缩模量；

H——天然条件下潜水含水层的厚度、水位值；

h——承压含水层自顶板算起的水头高度、潜水含水层在抽水时的厚度、水位高度；

Δh^2——潜水含水层水位变化的平方差，即 H^2-h^2；

k——渗透系数；

k_h——水平渗透系数；

k_v——竖向渗透系数；

l——过滤器的长度；

M——承压含水层的厚度；

Q——出水量、涌水量；

q——单位出水量、单位涌水量；

R——影响半径；

r——抽水孔过滤器的半径，观测孔至抽水孔的距离；

S——承压含水层的储水系数或弹性释水系数；

S_s——承压含水层的储水率或弹性释水率；

s——水位下降值(水位降深)，水位上升值(水位升幅)；

T——导水系数；

t——时间；

$W(u)$——井函数；

γ_w——地下水的重度；

μ——潜水含水层的给水度。

3 基本规定

3.0.1 建设工程水文地质勘察应查明建设场地的水文地质条件，针对工程要求编制水文地质勘察成果文件，且宜在岩土工程勘察实施后进行。

3.0.2 应根据建设工程性质、场地条件及委托要求，在分析已有勘察资料及类似工程经验的基础上，制定勘察纲要。

3.0.3 建设工程水文地质勘察应包括建设场地及周边的水文地质资料搜集、水文地质调查、勘探和测试、建设场地的地下水动态观测、现场水文地质试验、水文地质评价等，且应符合下列要求：

1 查明含水层的岩性与结构、分布范围、地下水类型、含水层之间的水力联系以及补给、径流、排泄条件。

2 查明地下水动态，分析地下水位变化引起的土体分层变形特征。

3 分析地下水对建设工程及周边环境的影响，提出地下水控制措施的建议。

3.0.4 水文地质资料搜集宜包括下列内容：

1 勘察区所属的气候分带、气温及其昼夜和季节变化、降水量及其季节变化与多年变化、枯水期和丰水期、多年平均降水量、历年最小和最大降水量、暴雨、台风等灾害性天气等。

2 勘察区地表水系和流域、地表水的水位及其季节变化和多年变化，地表水流量及其季节变化和多年变化。

3 勘察区水库、水闸、堤坝等水利工程情况。

4 滨海地带的最低、最高和平均潮位，洪水、风暴潮等灾害情况。

5 地表水与地下水之间的补给、排泄关系。

6 地下含水层(带)的类型、埋藏条件、分布规律、富水性、补给、径流、排泄条件。

7 水质和污染情况。

8 地下水的开发与利用情况。

9 区域地面沉降现状。

10 与勘察项目相类似的工程建设经验。

3.0.5 建设场地周边水文地质调查宜包括下列内容：

1 区域地形地貌、地层岩性、地层年代、地表水系、植被分布等。

2 河流变迁史上古河道(带)与河间洼地分布区的地貌特征及其对地下水的控制作用、建筑物安全和岩土体稳定性的影响。

3 地下水与地表水体的水力联系、补给与排泄关系,含水层之间的水力联系特征。

4 场地所属水文地质单元和边界。

5 井、泉等地下水出露情况。

6 人类活动对地表、地下水的影响。

7 类似工程与邻近工程的地下水控制经验。

3.0.6 建设场地的水文地质评价应满足下列要求：

1 评价范围为受地下水控制影响的区域,且应涵盖保护对象。

2 分析建设场地内地下水动态,地表水体与地下水之间、地下水控制影响深度内各含水层的性质及含水层之间的水力联系特征。

3 分析建设工程地下水控制的风险源,提出风险控制的建议措施。

4 分析相邻工程地下水控制对建设工程及周边环境的影响。

3.0.7 应调查拟建和相邻工程的地下水控制影响范围内的建(构)筑物及设施的性质和状况,查明需要采取保护措施的环境对象。

3.0.8 现场勘察工作结束后，应对不再利用的勘探孔和试验孔进行封孔处理。封堵材料应保证勘探孔和试验孔在封孔后密闭。

3.0.9 附录A、附录B可作为编制勘察纲要及水文地质条件初步分析的依据。土体渗透性及含水层富水性等级的划分应分别符合附录C、附录D的规定，含水层之间水力联系程度的划分应符合附录E的规定。

3.0.10 钻探取样、原位测试、土工试验应符合现行国家标准《土工试验标准》GB/T 50123、现行上海市工程建设规范《岩土工程勘察规范》DGJ 08－37和《岩土工程外业操作规程》DG/TJ 08－1001的规定。

3.0.11 水文地质试验孔施工应符合现行国家标准《管井技术规范》GB 50296和现行行业标准《建筑与市政工程地下水控制技术规范》JGJ/T 111的规定。

4 勘察等级和勘察纲要

4.1 勘察等级

4.1.1 建设工程水文地质勘察等级应按工程规模、环境保护要求、场地水文地质条件及地下水控制要求划分。

4.1.2 根据工程周边环境的重要性及保护对象与减压降水区域的工程外轮廓线的水平距离，悬挂式减压降水环境保护等级按表4.1.2划分为三级。

表 4.1.2 减压降水环境保护等级

环境保护对象	保护对象与工程的距离关系	减压降水环境保护等级
优秀历史建筑，有精密仪器和设备的厂房、轨道交通设施、隧道、防汛墙、原水管、自来水总管、煤气总管、共同沟等重要建（构）筑物，其他采用天然地基或短桩基础的重要建筑物	$d \leqslant 2s$	一级
	$2s < d \leqslant 4s$	二级
	$4s < d \leqslant 8s$	三级
较重要的自来水管、煤气管、污水管等市政管线，采用天然地基或短桩基础的建筑物等，桩基持力层为减压降水目的含水层且隔水帷幕未隔断该目的含水层的建（构）筑物	$d \leqslant 2s$	二级
	$2s < d \leqslant 4s$	三级

注：1 d 为保护对象与减压降水区域的工程外轮廓线的水平净距。

2 s 为保证工程安全及满足设计要求的承压水位降深。

4.1.3 当目的含水层中采用“悬挂式帷幕减压降水措施”时，建设工程水文地质勘察等级按表4.1.3划分为三级。

表 4.1.3　建设工程水文地质勘察等级

减压降水环境保护等级	地下水控制目的含水层（设置悬挂式帷幕）	工程主体范围内含水层水位降深控制值(m)	勘察等级
一级	微承压含水层	$s \geqslant 5$	甲级
	承压含水层	$s \geqslant 10$	
二级	微承压含水层	$s \geqslant 10$	
	承压含水层	$s \geqslant 15$	
一级	微承压含水层	$2 \leqslant s < 5$	乙级
	承压含水层	$5 \leqslant s < 10$	
二级	微承压含水层	$5 \leqslant s < 10$	
	承压含水层	$10 \leqslant s < 15$	
三级	微承压含水层	$s \geqslant 15$	
	承压含水层	$s \geqslant 20$	
一级	微承压含水层	$s < 2$	丙级
	承压含水层	$s < 5$	
二级	微承压含水层	$s < 5$	
	承压含水层	$s < 10$	
三级	微承压含水层	$s < 15$	
	承压含水层	$s < 20$	

注：1　当需要进行减压降水的工程主体占地面积大于 10 000m^2 时，除勘察等级甲级外，勘察等级提高一级。

2　当承压含水层与上覆微承压含水层连通时，除勘察等级甲级外，勘察等级提高一级。

3　当场地涉及古河道区、正常沉积两个地貌单元时，宜分别确定勘察等级。

4　当地下水控制涉及多个含水层时，宜分别确定勘察等级。

5　当无环境保护要求时，按减压降水环境保护等级为三级的相应要求，确定勘察等级。

6　当场地下伏潜水含水层岩性以粉土、粉砂为主，层厚不小于 12m 且未被隔水帷幕隔断，确定勘察等级时将潜水含水层视同微承压含水层。

4.1.4 当隔水帷幕隔断减压降水目的含水层时，勘察等级划分尚应满足下列要求：

1 当水位降幅大于30m时，勘察等级按甲级考虑。

2 当水位降幅大于20m但不大于30m时，勘察等级按乙级考虑。

3 其余项目的勘察等级按丙级考虑。

4.2 勘察纲要

4.2.1 建设工程水文地质勘察工作前，应具备下列资料：

1 附有规划红线、建筑坐标、地形、±0.00高程的建筑总平面图。

2 工程设计方案及要求，包括：基坑面积和开挖深度、围护型式、隔水帷幕的施工方法等；地下结构类型、特点、层数、荷载及荷载组合等。

3 场地周边地下水控制影响范围内的环境条件，包括周边建(构)筑物、道路、地下管线以及其他地下设施的空间分布性质及变形控制要求等。

4 拟建工程的岩土工程勘察成果。

4.2.2 勘察纲要内容应包括：拟建工程概况，勘察目的，编制依据，遵循的标准，对既有地质资料及岩土工程勘察报告的分析，水文地质调查，勘探孔结构设计与平面布置，水文地质试验与监测，勘察报告的主要章节目录，勘察质量安全保证措施，勘察计划进度、设备机具和人员安排等。

4.2.3 勘察纲要还应包括下列内容：

1 进行抗承压水突涌稳定性验算，确定减压降水目的含水层及水位降深要求。

2 根据工程设计方案设定的隔水帷幕深度，明确工程降排水类型。

3 需减压降水且未被隔水帷幕隔断的含水层，应作为现场水文地质试验的重点关注对象。

4 根据工程性质、水文地质条件及地下水控制需求，提出可供比选的试验孔结构。

5 明确勘探孔的施工工艺与质量控制要求，明确多层含水层之间的隔水材料和工艺。

6 确定现场试验与监测的方法、数量、流程及技术要求。

7 确定现场试验资料的分析方法与要求。

8 明确建设工程水文地质评价任务。

4.2.4 现场勘察期间，如主要含水层变化较大或工程设计方案发生变更等，需更改勘察方案时，应及时调整勘察纲要，并按质量管理程序审批。

4.3 勘察工作量布置

4.3.1 建设工程水文地质勘察工作应充分利用岩土工程勘察成果。水文地质勘察工作量应满足下列要求：

1 勘察平面范围满足建立水文地质概念模型的要求，勘探点在工程平面范围内均匀布置，控制地层分布的勘探点点距不大于35m。

2 建设工程用地界线以外以搜集资料为主。

3 当遇古河道或地层起伏较大时，加密勘探点的布置。

4 控制孔数量不少于3个。控制孔穿透地下水控制影响深度内的目的含水层，进入其下伏地层的深度不小于5m。

5 采用取土标贯孔、静力触探等勘探手段，查明含水层土性及分布。

6 提供含水层骨架组分的粒径级配曲线，并提供d_{10}、d_{20}、d_{30}、d_{50}、d_{60}、d_{70}等粒径值。

7 在地下水控制目的含水层的上覆或下伏弱透水层中采集

土样，进行土工实验及提供压缩指数、回弹指数和固结系数。

8　需采取地下水回灌措施的，须采集回灌目的含水层和回灌水源的水样，进行水质分析。水质分析内容应符合现行国家标准《地下水质量标准》GB/T 4848 的规定，并应满足回灌水源水质处理的需要。

4.3.2　现场试验和监测工作量布置，应满足表 4.3.2 的规定。

表 4.3.2　现场试验和监测工作量布置要求

<table>
<tr><th rowspan="2">勘察工作类别</th><th rowspan="2">工作量</th><th colspan="4">勘察等级</th></tr>
<tr><th>甲级</th><th colspan="2">乙级</th><th>丙级</th></tr>
<tr><td rowspan="2">单孔抽水试验</td><td>试验数量(组)</td><td>≥3</td><td colspan="2">≥2</td><td>≥2</td></tr>
<tr><td>每组试验目的层观测孔数量(个)</td><td>≥3</td><td colspan="2">≥2</td><td>≥1</td></tr>
<tr><td rowspan="3">群孔抽水试验</td><td>试验数量(组)</td><td>≥1</td><td colspan="2">≥1</td><td>0</td></tr>
<tr><td>每组抽水孔数量(个)</td><td>≥3</td><td colspan="2">≥2</td><td>0</td></tr>
<tr><td>每组试验目的层观测孔数量(个)</td><td>≥3</td><td colspan="2">≥2</td><td>0</td></tr>
<tr><td rowspan="2">单孔回灌试验</td><td>试验数量(组)</td><td>≥3</td><td rowspan="10">减压降水环境保护等级高于三级</td><td>≥2</td><td>0</td></tr>
<tr><td>每组试验目的层观测孔数量(个)</td><td>≥3</td><td>≥2</td><td>0</td></tr>
<tr><td rowspan="3">群孔回灌试验</td><td>试验数量(组)</td><td>≥1</td><td>≥1</td><td>0</td></tr>
<tr><td>每组回灌孔数量(个)</td><td>≥2</td><td>≥2</td><td>0</td></tr>
<tr><td>每组试验目的层观测孔数量(个)</td><td>≥3</td><td>≥2</td><td>0</td></tr>
<tr><td>地面沉降监测</td><td>监测剖面数量(条)</td><td>≥4</td><td>≥2</td><td>0</td></tr>
<tr><td>土体分层(深层)竖向位移监测</td><td>监测点数量(组)</td><td>≥2</td><td>≥1</td><td>0</td></tr>
<tr><td>周边环境沉降监测</td><td>监测点数量</td><td>按需</td><td>按需</td><td>0</td></tr>
<tr><td>孔隙水压力监测</td><td>监测点数量(组)</td><td>按需</td><td>按需</td><td>0</td></tr>
<tr><td colspan="6">备注：减压降水环境保护等级划分应符合本标准第 4.1.2 条的规定</td></tr>
</table>

注：1　表中试验数量针对每一个降水目的含水层；当拟建工程涉及多个含水层时，应根据表 4.1.3 的要求分别确定勘察等级。

2　勘察等级为甲级时，宜在抽水目的含水层上覆和下卧的弱透水层中布置孔隙水压力计，其竖向间距宜为 5m～6m，同一深度处孔隙水压力计数量不宜小于 2 个。

4.3.3 当需要观察、分析含水层之间越流渗透性质时，宜在相邻含水层中布设观测孔或孔隙水压力计。

4.3.4 当场地涉及古河道区、正常沉积两个地貌单元时，宜分别布置勘察工作量。

4.3.5 进行群孔抽水试验时，应注意对周边环境的保护。

4.3.6 当利用抽水孔进行回灌试验时，其结构应符合本标准第6.1.4条的规定。

4.3.7 现场抽水试验的监测工作宜满足下列要求：

1 监测内容宜包括地下水位、单孔涌水量、孔隙水压力、地面沉降、土体分层沉降、周边环境沉降。

2 地面沉降和周边环境沉降监测范围：以抽水孔为中心，监测半径宜根据水文地质参数的经验值预估。

3 地面沉降监测点间距不宜大于10m，可采用方格网、米字形等方式布置。

4 群井试验的时间不宜小于10d。

5 各种监测资料应能相互验证。

5 水文地质试验与监测

5.1 一般规定

5.1.1 水文地质试验与监测的方法和内容应根据勘察目的与等级、工程性质、工程水文地质条件、地下水控制需求及环境条件等因素综合确定。

5.1.2 水文地质试验与监测成果应能为工程提供设计参数，为分析评价地下水控制对环境的影响提供依据。

5.1.3 水文地质试验可采用单孔与群孔稳定流抽水试验、单孔与群孔非稳定流抽水试验以及微水试验等。监测项目宜包括现场试验区内水位观测、孔隙水压力量测、地面沉降与土体分层沉降监测，以及周边相邻建(构)筑物与市政设施的沉降监测等；宜采用自动化监测方法测量、记录各试验孔的水位变化。

5.1.4 监测应与现场试验同步进行。监测项目的初始值应在现场试验开始前7d测定，并取至少连续3次稳定测量值的平均值或中值。

5.2 地下水动态观测与测试

5.2.1 地下水动态观测内容应包括对水位和水量的观测，必要时应观测水温、水质和相邻工程的地下水降排水量。

5.2.2 地下水动态观测宜利用已有的勘探孔、试验孔、水井和泉，在现场试验开始前7d进行，且应满足下列要求：

1 应掌握地下水动态观测期间的气象和水文资料。

2 观测地表水体与地下水之间的水力联系时，应同时观测地表水体的动态。

3 观测频率为1次/d。当地下水动态急剧变化时，应增加观测频率，并采用自动化监测方法。各观测点的同一观测项目应在同一天进行。

5.2.3 地下水动态观测孔（点）的布置应符合下列要求：

1 查明各含水层之间的水力联系时，分层布置。

2 需要边界地下水位动态资料时，在边界附近有代表性的地段布置。

3 查明污染源对建设场区的影响时，应根据污染源在地下水中的扩散形式，平行和垂直地下水流向布置，且观测孔数量应涵盖地下水污染与扩散范围的90%以上。

4 查明地下水和地表水之间的水力联系时，垂直地表水体的岸边线布置。

5 查明建设场区及周边地段的地下水降落漏斗扩展情况时，通过漏斗中心布置相互垂直的两条观测线。

5.2.4 应定期检查地下水动态观测的仪表和工具的精度。水位测量应读至mm，水温测量应读至0.1℃，水量测量应读至$0.1m^3$。

5.2.5 观测孔有淤塞、水位变化反应不灵敏及孔口标高有变动时，应及时处理。

5.2.6 当符合下列条件之一时，宜进行地下水流速与流向的测试：

1 需分析与评估拟建场地及周边地区的地下水污染现状及发展趋势。

2 需分析拟建场地及周边地区的区域地下水动态平衡及其与区域地面沉降之间的关系。

3 拟建场地的修复方法需要地下水流速与流向资料。

5.2.7 地下水流向可利用等水位线图以及不在一条直线上的3点处的地下水位，以作图法确定。

5.2.8 可采用放射性同位素稀释法或示踪剂试验测定地下水流向、平均孔隙流速和渗流速度等。

5.3 抽水试验

5.3.1 抽水孔的结构应符合下列要求：

1 与拟采用的工程降水井结构基本一致。

2 满足水文地质模型及水文地质参数计算的要求。

5.3.2 观测孔布置应满足下列要求：

1 同一地层中每条观测线上的观测孔不少于2个。

2 观测孔与抽水孔的距离不宜小于含水层厚度，且不小于10m；当含水层厚度较小时，观测孔与抽水孔的距离不应小于5m。有多个观测孔时，其与抽水孔的距离应由近及远逐渐增加，且在s-lg$r$坐标系的横轴上满足均匀分布的要求。

3 利用lg$s$-lgr^2曲线求参时，同一含水层中的各观测孔过滤器长度宜相等，并安置于同一深度上。

5.3.3 抽水试验应符合下列要求：

1 抽水孔的布置，应根据工程性质、地质与水文地质条件、场地环境条件等因素确定。

2 水位观测应根据试验目的和计算公式的要求确定，并应符合下列要求：

1）以抽水孔为原点，宜布置1条～2条观测线。

2）布置1条观测线时，宜垂直地下水流向布置；布置2条观测线时，宜分别垂直和平行地下水流向布置。

3）观测孔与抽水孔的距离，应根据试验场地的水文地质条件确定，并应符合本标准第5.3.2条第2款的规定。

3 对富水性强的大厚度含水层，垂向可划分几个试验段，根据需要可对其中一段或几段进行分段抽水试验。

4 对多层含水层作分层研究时，应进行分层抽水试验。

5 采用数值法分析场地水文地质条件时，宜进行大流量、大降深的群孔抽水试验。

6 抽水试验前及抽水试验中，应同步测量抽水孔和观测孔、周边水文地质点的自然水位、动水位；自然水位的日动态变化较大时，应掌握其变化规律对抽水试验的影响。

7 抽水试验时，应防止抽出的水在抽水影响范围内回渗到含水层中。

8 在同一组试验中，应采用同一方法和工具观测水位，水位测量应读数至 cm。

9 当采用堰箱或孔板流量计测量抽水量时，水位测量应读数至 mm；当采用容积法测量时，量桶充满水所需时间不宜少于15s，应读数至 0.1s；采用水表测流量时，应执行现行国家标准《封闭满管道中水流量的测量　饮用冷水水表和热水水表》GB/T 778的技术要求。

10 水质分析水样宜在抽水试验结束前采集，采集件数和数量应根据水质分析要求确定。

11 停止抽水后，应测量抽水孔与观测孔的恢复水位，测量时间应符合本标准第 5.3.5 条第 3 款的规定。

12 抽水试验结束后，应检查孔内沉淀情况；孔内沉淀物较多时，应分析原因，必要时应进行处理。

13 抽水试验时，抽出地下水的稳定含砂量体积比应不大于1/20000。

5.3.4 稳定流抽水试验应符合下列要求：

1 可进行 3 次不同水位降深的抽水试验，水位降深顺序宜按先小后大逐次进行；其中最大下降值宜接近孔内的设计动水位，其余 2 次下降值宜分别为最大下降值的 1/3 和 2/3。可根据试验目的和水文地质条件减少为 2 次或 1 次。各次降深试验的水泵吸水管口的安装深度应相同。

2 抽水试验的稳定标准应符合下列要求：

1）在抽水稳定延续期内，抽水孔动水位的时间关系曲线仅在有限范围内波动，且无持续上升或下降的趋势；

2）最远观测孔内的水位在连续 2h 内的波动值不大于 20mm/h。

3 抽水试验的稳定延续时间宜符合下列要求：

1）卵石、圆砾和粗砂含水层中不小于 8h；

2）中砂、细砂和粉砂含水层中不小于 16h；

3）粉土含水层中，不小于 24h。

4 进行抽水试验时，宜在抽水开始（或停抽恢复）后的第 5，10，15，20，25，30min 各观测 1 次抽水量和动水位，以后每隔 30min 或 60min 观测 1 次。

5.3.5 非稳定流抽水试验应符合下列要求：

1 抽水量稳定后，抽水孔出水量波动值不宜大于平均值的 10%。

2 抽水试验的延续时间应按水位下降与时间关系曲线确定，并符合下列要求：

1）当水位下降与时间关系曲线有拐点时，延续时间宜延伸至拐点后的水平线段；

2）当水位下降与时间关系曲线无拐点时，延续时间宜根据试验目的确定。

3 进行抽水试验时，宜在抽水开始后的第 1，2，3，4，6，8，10，15，20，25，30，40，50，60，80，100，120min 各观测 1 次抽水量和水位，以后可每隔 30min 观测 1 次。宜采用自动化测量方法。

5.3.6 当符合下列条件之一时，应进行群孔抽水试验：

1 需验证勘察区内工程降水的可行性。

2 需验证勘察区局部地段阶段性成果，调整后续勘察方案。

3 需查明勘察区工程降水对周边环境的影响。

5.3.7 群孔抽水试验应符合下列要求：

1 群孔抽水试验的抽水孔数量、总抽水量和延续时间宜根据场地水文地质条件及试验目的确定，并应符合本标准第 4.3.2 条的规定。

2 进行群孔抽水试验时，应同步观测勘察区内及勘察区周边的水文地质点与地表水体的水位变化。

3 稳定流群孔抽水试验的抽水量和动水位观测时间应符合本标准第 5.3.4 条第 4 款的规定。

4 非稳定流群孔抽水试验的抽水量和动水位观测时间应符合本标准第 5.3.5 条第 3 款的规定；需评价工程降排水对周边环境的影响时，抽水时间不宜少于 7d。

5.3.8 当抽水孔出水量小于 1.0m^3/h 或现场缺乏抽水试验条件时，可利用微水试验分析含水层的水文地质特性，并应满足下列要求：

1 微水试验开始前，应测量试验孔内的初始稳定水位。

2 微水试验时，应通过自动化监测，测量试验孔内的恢复水位。

3 当现场未布置抽水试验时，微水试验不应少于 3 组。

5.3.9 需进行污染物迁移分析时，可进行弥散试验，且应满足下列要求：

1 采用径向收敛流法。

2 对观测井和抽水井中的示踪剂浓度进行观察，并测量电导率。

3 延续时间根据浓度与时间的曲线确定。

4 采用配线法或数值法求解纵向水动力弥散系数。

5 选择的示踪剂应无毒、易检测、化学性质稳定、不与含水层产生化学反应。

5.4 环境监测

5.4.1 现场抽水和回灌试验期间的监测宜包括下列内容：

1 地面沉降和土体分层竖向位移。

2 孔隙水压力。

3 建(构)筑物、地下管线和城市地下交通设施等保护对象的竖向位移。

5.4.2 同一项目的监测宜符合下列要求：

1 采用相同的观测方法和观测路线。

2 使用同一型号监测仪器和设备。

3 在基本相同的环境和条件下工作。

5.4.3 变形监测网的设置应符合下列要求：

1 基准点应设置在受现场试验影响的变形区域以外且易于保存的稳定位置。

2 基准点和工作基点应便于检核校验。

3 当有工作基点时，定期将其与基准点联测。

4 基准点数量不应少于3个。

5 垂直位移监测网应采用吴淞高程系统，与城市水准点的联测精度不应低于二级水准要求。

6 应将各沉降监测点与基准点或工作基点组成闭合环路或附合水准路线。

5.4.4 孔隙水压力量测可采用振弦式或电阻式孔隙水压力计，孔隙水压力计应满足下列要求：

1 量程应满足被测压力范围的要求，其上限可取静水压力的1.2倍。

2 分辨率不宜大于0.2%(F.S)，精度不宜低于0.5%(F.S)。

3 应具有足够强度、抗腐蚀性和耐久性，并具有抗震和抗冲击性能。

5.4.5 孔隙水压力计埋设应满足下列要求：

1 孔隙水压力计可采用钻孔埋设法。

2 在埋设前，应将孔隙水压力计浸泡饱和，排除透水石中的气泡。

3　在埋设前，应核查标定数据，记录探头编号，测读初始读数。

5.4.6　采用钻孔法埋设孔隙水压力计时，应符合下列要求：

1　钻孔应垂直、干净，孔径宜为110mm～130mm。

2　在填土层或浅层松散不稳定的土层中应下套管护孔，套管应保证垂直。

3　观测段内应回填透水填料，再用膨润土球封孔。

4　当在1个孔内埋设多个孔隙水压力计时，弱透水层中的上下两个孔隙水压力计之间应设置高度不小于2m的隔水填料分隔。

5　测试孔口应用隔水填料填实封闭，封口材料宜采用直径10mm～20mm的干燥膨润土球，防止地表水渗入。

5.4.7　深层沉降标的埋设应满足下列要求：

1　钻孔垂直度偏差不宜大于1/200。

2　护管和标杆的壁厚不小于4mm，材质宜为DZ40。

3　标杆宜每隔6m设置1个导正器。

4　标杆标底锚入孔底原状土不小于0.5m。

5　保护管与孔壁之间应采用不透水性材料封闭。

5.4.8　地表沉降、土体分层（深层）竖向位移及周边环境沉降的监测宜采用几何水准或静力水准测量等方法，应满足现行行业标准《建筑变形测量规范》JGJ 8的要求。

5.4.9　对监测数据有疑问或特殊需要时，应采用其他方法进行复核。

5.5　资料整理与分析

5.5.1　在现场试验中获得的各项实测资料，应及时进行编录、检查和验收，发现遗漏时，应在野外工作结束前进行纠正或弥补，达到资料准确、系统和完整。

5.5.2 应对搜集的资料进行检验，并对其可靠性作出评价。引用的资料应说明其来源。

5.5.3 原始资料的整理应符合下列要求：

1 应统一编号，分类整编。

2 应在综合分析的基础上，进行统计、计算、整理和编绘各种图表。

5.5.4 稳定流抽水试验资料的现场整理应符合下列要求：

1 在承压含水层中抽水时，应根据试验进程绘制各试验孔的 Q-s、Q-t 曲线或 q-s、q-t 曲线；当观测孔数量不少于 3 个时，应绘制 $\lg s$-$\lg r^2$ 曲线。

2 在潜水含水层中抽水时，应根据试验进程绘制各试验孔的 Q-Δh^2、Q-t 曲线或 q-Δh^2、q-t 曲线。当观测孔数量不少于 3 个时，应绘制 $\lg(\Delta h^2)$-$\lg r^2$ 曲线。

5.5.5 非稳定流抽水试验资料的现场整理应符合下列要求：

1 在承压含水层中抽水时，应根据试验进程绘制各试验孔的 $\lg s$-$\lg t$、s-$\lg t$ 曲线。

2 在潜水含水层中抽水时，应根据试验进程绘制各试验孔的 $\lg(\Delta h^2)$-$\lg t$、(Δh^2)-$\lg t$ 曲线。

5.5.6 微水试验时，应根据试验进程绘制试验孔内恢复水位的历时曲线 H-t。

5.5.7 试验资料分析应符合下列要求：

1 编制各类试验成果图表。

2 以现场试验成果为依据，计算各类水文地质参数。

3 对现场试验成果的可靠性作出评价。

6 回灌试验

6.1 一般规定

6.1.1 回灌试验对象一般为微承压含水层及承压含水层。

6.1.2 符合下列条件之一时，应进行地下水回灌试验：

1 需采取地下水回灌措施保护建设工程周边环境。

2 需采取地下水回灌措施控制因减压降水引发的地表沉降或地基沉降。

3 需采取地下水回灌措施保护拟建场地及周边地区的地下水资源。

4 需采取地下水回灌措施对浅层污染地下水进行治理。

6.1.3 回灌试验应能确定单孔回灌量与回灌影响半径、水量回灌率、地下水位回灌效应和地层回弹回灌效应等设计参数，并宜满足下列要求：

1 回灌孔的工后休止期不小于20d。

2 粉土层中回灌孔稳定回灌量不小于相同结构抽水孔涌水量的20%；砂层中回灌孔稳定回灌量不小于相同结构抽水孔涌水量的30%。

3 回灌后的地下水位趋于稳定时，回灌孔的回灌水量趋于稳定。

6.1.4 回灌孔结构应满足下列要求：

1 滤料充填面应高出滤管顶部3m以上。

2 黏土球封闭层的竖向厚度不小于5m。

3 黏土球封闭层顶至地面之间的井管外侧环状空隙宜采用注浆或素混凝土充填。

6.1.5 符合下列条件之一时，宜进行群孔回灌试验：

1 需验证勘察区内地下水回灌可行性。

2 需验证勘察区局部地段阶段性成果，调整后续回灌试验方案。

3 需查明地下水回灌对周边环境的影响或控制环境变形的效率。

6.2 技术要求

6.2.1 回灌试验应符合下列要求：

1 回灌孔的布置应根据勘察目的与项目等级、工程性质、水文地质条件和环境保护要求等因素确定。

2 观测孔布置应符合下列要求：

1）以回灌孔为原点布置1条观测线，宜垂直地下水流向布置；

2）沿观测线布置的观测孔不宜少于3个；

3）观测孔与回灌孔的距离应根据试验场地的水文地质条件确定，回灌孔与最近观测孔的间距及外围观测孔之间的间距均不宜大于10m。

3 当需对多层含水层作分层回灌时，应进行分层回灌试验。

4 在回灌试验前及回灌试验中，应同步测量回灌孔、观测孔、周边水文地质点的自然水位与动水位；自然水位的日动态变化较大时，应掌握其变化规律对回灌试验的影响。

5 在同一组试验中，水位观测应符合本标准第5.3.3条第8款的规定。

6 可采用水表测量回灌水量，测量方法应符合本标准第5.3.3条第9款的规定。

7 停止回灌后，应测量回灌孔与观测孔的恢复水位。恢复水位测量应符合本标准第5.3.5条第3款的规定。

8　回灌试验结束后，应检查回灌孔内沉淀情况。孔内沉淀物较多时，应分析原因，必要时应进行处理。

9　应同步测量地表沉降、土体分层竖向位移等。

6.2.2　回灌试验宜进行至水位趋于稳定，持续时间应符合本标准第 5.3.4 条第 3 款的规定，且应符合下列要求：

1　在回灌稳定延续期内，回灌孔的回灌量和动水位的时间关系曲线只在一定范围内波动，且无持续上升或下降的趋势。

2　最远观测孔内的恢复水位在连续 2h 内的波动值不大于 20mm/h。

6.2.3　群孔回灌试验应符合下列要求：

1　群孔回灌试验的回灌孔数量与深度、总回灌量及延续时间宜根据勘察目的与项目等级、工程性质、场地水文地质条件及环境条件确定。

2　进行群孔回灌试验时，应同步观测勘察区内及勘察区周边水文地质点与地表水体的水位变化。

6.2.4　回灌水源可采用自来水或经水质处理后的同层地下水，也可采用经水质处理后水质不劣于回灌目标含水层的异层地下水。处理方法可根据水质分析结果，采用絮凝、过滤、沉淀和氧化等方法。

6.2.5　回灌时可采用加压回灌，当回灌水量满足设计要求时，也可采用自然回灌。

6.3　资料整理与分析

6.3.1　现场回灌试验资料的编录、检查及验收，应符合本标准第 5.5.1条的规定。

6.3.2　微承压含水层及承压含水层回灌试验资料的现场整理应符合下列要求：

1　根据单孔回灌试验进程，绘制各试验孔的 Q_h-t、Q_h-s_h

曲线。

2 根据单孔回灌试验进程，绘制 $\lg s_h$-$\lg t$、s_h-$\lg t$ 曲线。当观测孔数量不少于 3 个时，应绘制水位变化趋于稳定的 $\lg s_h$-$\lg r^2$ 曲线。

3 根据群孔回灌试验进程，绘制总回灌量的 Q_h-t 历时曲线、各观测孔的 Q_h-s_h 曲线。当有地层变形观测资料时，应绘制对应观测孔的恢复水位与地层变形关系曲线 s_h-ε。

6.3.3 回灌试验资料分析应符合下列要求：

1 编制回灌试验成果图表。

2 根据回灌试验成果，确定单孔影响半径、水量回灌率、地下水位回灌效应等参数。

3 对回灌试验成果的可靠性作出评价。

7 水文地质参数计算

7.1 一般规定

7.1.1 应在分析水文地质条件的基础上合理选用水文地质参数计算方法。

7.1.2 利用抽水试验资料计算含水层参数时,宜采用观测孔水位资料。

7.1.3 常用水文地质参数包括渗透系数、给水度、储水系数及单井影响半径。

7.1.4 水文地质参数计算可采用解析法和数值法,且应满足下列要求:

1 当含水层均质各向同性、水平方向无限延伸、无分散补给、边界条件规则,宜采用解析法。

2 采用数值法时,应建立反映勘察区含水层(组)水文地质条件的数学物理模型,利用抽水孔流量及观测孔水位资料,进行渗流数值分析。

7.2 渗透系数

7.2.1 具备稳定流抽水试验资料,且观测孔中的 s-lg$r$ 或 Δh^2-lg$r$ 关系曲线呈直线时,可采用本标准表 F.0.1 的公式计算渗透系数。

7.2.2 具备无越流的非稳定流抽水试验资料时,可采用本标准表 F.0.2 的方法和公式计算渗透系数、导水系数和压力传导系数。

7.2.3 具备有越流的非稳定流抽水试验资料时，可采用本标准表 F.0.3 的方法和公式计算渗透系数、导水系数、压力传导系数和越流因子。

7.2.4 具备抽水试验的水位恢复资料时，可采用本标准表 F.0.4 的方法和公式计算渗透系数、导水系数和压力传导系数。

7.2.5 具备微水试验测得的水位恢复资料时，可采用本标准表 F.0.5 的方法和公式计算承压含水层的渗透系数。

7.2.6 遇下列情形之一时，宜采用渗流数值法计算渗透系数：

1 含水层厚度不均匀，且需要考虑含水层的非均质各向异性渗透性质。

2 根据群孔抽水试验资料分析含水层的渗透性质。

3 当观测井分布于不同含水层，需计算多个含水层的渗透系数。

7.3 给水度和储水系数

7.3.1 潜水含水层的给水度可根据潜水含水层的非稳定流抽水试验资料，采用本标准表 F.0.6 的方法和公式进行计算。

7.3.2 承压含水层储水系数的计算应满足下列要求：

1 当具备非稳定流抽水试验资料时，按本标准表 F.0.2 及表 F.0.3 的方法和公式进行。

2 当具备稳定流或非稳定流抽水试验的水位恢复资料时，按本标准表 F.0.4 的方法和公式进行。

3 当具备微水试验的水位恢复资料时，按本标准表 F.0.5 的方法和公式进行。

7.3.3 可采用渗流数值法计算潜水含水层的给水度和承压含水层的储水系数。

7.4 单孔影响半径

7.4.1 当具备稳定流抽水试验资料时，可采用本标准表F.0.7的公式计算影响半径。

7.4.2 当稳定流抽水试验的观测孔数不少于3个，可采用 s-lg$r$ 直线图解法确定影响半径。

7.4.3 当根据稳定流抽水试验资料、采用渗流数值法确定单孔影响半径时，单孔影响半径边界处计算水位降深不应大于0.1m。

7.5 回灌参数

7.5.1 单孔回灌量可根据单孔回灌试验的回灌量历时曲线 Q_h-t 确定，取趋于稳定的曲线段的回灌量平均值或中值。

7.5.2 单孔回灌影响半径 R_h 可按下列方法确定：

1 根据单孔回灌试验资料，采用本标准表F.0.7的公式计算。

2 当观测孔数量不少于3个，可按 s_h-lg$r$ 直线图解法确定。

7.5.3 根据群孔回灌试验资料，宜采用渗流数值法确定以孔群中心为原点的群孔回灌影响半径 R_H。也可采用"大井法"估算群孔回灌影响半径 R_H。

7.5.4 根据回灌试验资料，可按下式计算水量回灌率 δ_Q、地下水位回灌效应 δ_{sh}：

$$\delta_Q=\frac{Q_h}{Q}\times100\% \quad (7.5.4\text{-}1)$$

$$\delta_{sh}=\frac{s_h}{s}\times100\% \quad (7.5.4\text{-}2)$$

式中：Q_h——单孔回灌量或群孔回灌总量（m^3/h）；

Q——单孔涌水量或群孔涌水总量（m^3/h）；

s_h——距回灌孔 0.5R_h处或距回灌孔群中心 0.5R_H处，趋于稳定的恢复水位升幅(m)；

s——距回灌孔 0.5R_h处或距回灌孔群中心 0.5R_H处，回灌前的稳定水位降深(m)。

7.5.5 当有对应的环境监测资料，可根据回灌试验资料计算地层回弹回灌效应 δ_ε(mm/m)：

$$\delta_\varepsilon=\frac{\varepsilon}{s_h} \tag{7.5.5}$$

式中：ε——距回灌孔 r 处或距回灌孔群中心 r 处，回灌引起的地层竖向回弹变形(mm)；

s_h——距回灌孔 r 处或距回灌孔群中心 r 处，水位趋于稳定时的水位升幅(m)，可根据水位观测或 $\lg s_h$-$\lg r^2$ 曲线确定。

8 水文地质分析评价

8.0.1 水文地质分析评价应具备下列条件：

1 掌握工程性质，包括工程结构类型、荷载分布、变形控制等要求。

2 掌握场地的水文地质条件及环境条件。

3 了解类似工程的地下水控制经验。

4 了解相邻工程地下水控制措施对拟建工程及周边环境的影响。

8.0.2 水文地质条件应包括下列内容：

1 气象、水文。

2 地下水初始水位与动态特征。

3 含水层的岩性和结构、分布范围和埋藏条件。

4 场地地下水类型及补给、径流、排泄条件，地下水与地表水体之间的水力联系特征。

5 地下水控制影响范围内各含水层之间的地下水水力联系特征。

6 含水层的富水性。

7 水文地质参数。

8 地下水水质和水温。

8.0.3 应根据搜集的水文地质资料及水文地质调查成果，分析评价场地周边的气象水文特征及水文地质条件。

8.0.4 应根据地下水动态观测资料，分析场地及周边的初始地下水位埋藏条件与动态特征、地表水体与地下水的水力联系特征，评价其对拟建工程的影响。

8.0.5 场地水文地质条件评价应满足下列要求：

1　根据现场勘察成果、区域地质资料及现有岩土工程勘察成果，分析场地及周边地区含水层(组)的岩性、水平与竖向分布规律，明确含水层类型及埋藏条件。

2　根据现场试验资料、现有地质资料及附录D、附录E的规定，分析各含水层的富水性、各含水层之间的水力联系性质及其对地下水控制设计与施工的影响。

3　根据现场试验成果、地下水渗流数值模拟结果及附录G的规定，分析含水层水文地质参数取值的可靠性。

4　根据工程性质、场地水文地质条件，分析拟建工程的抗承压水突涌安全性，分析评价场地下伏各层地下水对工程设计与施工的影响。

5　需采取回灌措施时，根据地下水水样分析结果，提出将同层地下水作为回灌水源的水质控制要求及水质处理的建议。

6　需调查场地地下水污染现状时，应根据地下水水样全分析结果，分析地下水的污染物质组分和浓度。应根据场地污染源调查与分析、地下水流速与流向等，分析场地地下水污染状况及污染物的扩散范围。

8.0.6　水文地质参数统计应符合下列规定：

1　应按不同的水文地质单元进行分层统计。

2　宜根据现有经验进行子样的取舍，并剔除异常值。

3　可提供含水层水文地质参数的范围值、算术平均值，并提出设计建议值。

4　可根据岩土工程勘察报告及地区经验，确定弱透水层渗透系数的设计建议值。

8.0.7　综合分析工程周边环境条件，明确受地下水控制影响需要采取保护措施的环境对象。

8.0.8　提出地下水控制设计建议时，应提供隔水帷幕深度控制要求、工程降水井及回灌井的结构参数。

8.0.9　提出工程降排水设计建议时，应提供保证工程施工安全的水位降深控制值、降水井结构参数以及单井涌水量建议值。

8.0.10 采用地下水渗流数值法预测地下水渗流场时空分布时，应满足下列要求：

1 地下水流数学模型的初始条件、边界条件应与客观条件保持一致。

2 地下水流数值模型的构建应包括降排水影响范围内的地层、抽水井、回灌井、观测井、隔水帷幕及阻隔地下水渗流的其他地下构筑物。

3 地下水流数值模型的输入数据应能反映客观条件及实际降排水工况，包括初始地下水位、井的结构参数及空间坐标、抽(灌)水量的时空分布、地层空间分布参数和水文地质参数等。

8.0.11 工程降排水对周边环境影响的分析评价宜满足以下要求：

1 采用分层总和法计算、预测因地下水位下降引起的周边地面与地层的附加沉降及空间分布，可按附录 H 的规定进行计算与分析。

2 提出控制环境变形的措施。

8.0.12 地下水回灌建议宜包括以下内容：

1 分析地下水回灌可行性及回灌效应。

2 提供回灌井结构参数、回灌井间距、单井回灌量和回灌压力的建议值。

3 提出可采用的回灌水源及其水质要求。

4 提出保障地下水回灌效果的建议措施。

8.0.13 当含水层富水性等级为中等富水～强富水时，分析评价尚应包括以下内容：

1 根据水文地质试验的水位恢复曲线，明确工程降排水的允许断电持续时间。

2 提出预防断电、保证连续降排水的建议措施。

3 提出预防降排水不足或过量，保证按需降排水的建议措施。

4 提出控制降排水井施工质量、保证降排水能力的建议措施。

5 提出隔水帷幕质量缺陷引起工程事故的应急抢险建议措施。

8.0.14 应评价不利组合情况下地下水对地下结构的上浮作用，并提出施工过程中可采取的临时抗浮措施和建议。

9 水文地质勘察成果文件

9.1 一般规定

9.1.1 应在综合分析勘察资料及工程设计资料的基础上编制水文地质勘察成果文件,做到内容齐全、重点突出、论据充分。

9.1.2 水文地质勘察成果文件应依据原始资料编制;提供的成果文件应数据可靠、结论有据、建议合理。主要平面图或剖面图的比例尺应一致,图例符号应一致。

9.2 成果文件

9.2.1 成果文件应包括文字报告、图表和必要的附件。

9.2.2 应根据项目要求、工程性质、场地的工程地质与水文地质条件等,结合当地的地下水控制经验,经综合分析后编制文字报告,并宜包括下列内容:

1 拟建工程性质、勘察目的、工作依据、勘察手段及完成工作量。

2 场地水文地质条件和周边环境条件。

3 水文地质试验及成果分析、地下水控制所需的水文地质参数建议值。

4 分析地下水对工程的影响。

5 地下水控制措施。

6 分析地下水控制对环境的影响。

7 结论与建议。

9.2.3 成果文件应附下列图表：

1 场地环境特征分布图。

2 勘探点平面布置图及其坐标汇总表。

3 控制孔的地质柱状图。

4 水文地质剖面图。

5 水文地质试验成果图表。

6 原位测试成果图表。

7 沉降监测成果图表。

8 地下水控制引起的环境沉降分布图。

9 水文地质试验孔结构图。

10 水质分析成果表。

11 其他所需要的图表。

9.2.4 工程需要时，经专门委托，可提供下列专题报告：

1 地下水控制安全性评估报告。

2 地下水回灌与环境保护评估报告。

3 专门水文地质问题的技术咨询报告。

附录 A　上海市浅部含水层水文地质条件

A.0.1　上海市地下水主要赋存于松散岩类孔隙中，其赋存条件和分布规律一般受控于区域地貌、地层岩性和厚度，以及地质结构等因素。

A.0.2　根据含水层形成时代、成因和水动力条件等差异，上海市水文地质层划分为三个含水岩组、七个含水层组。

A.0.3　与工程建设密切相关的浅部含水层包括潜水含水层、微承压含水层、第一承压含水层和第二承压含水层。

A.0.4　浅部含水层水文地质条件如表 A.0.4 所示。第一、二、三承压含水层埋藏条件如图 A.0.4-1～图 A.0.4-3 所示（详图请扫二维码）。

表 A.0.4　上海市浅部含水层水文地质条件综合一览表

<table>
<tr><th colspan="4">含水类组划分</th><th>成因类型</th><th colspan="5">含水层(组)特征</th><th colspan="2">地下水性质</th></tr>
<tr><th>含水岩类</th><th>含水岩组</th><th colspan="2">含水层(组)</th><th></th><th>主要岩性</th><th>埋藏深度</th><th>厚度</th><th>分布规律</th><th>富水性</th><th>水质</th><th>水化学类型</th></tr>
<tr><td rowspan="5">第四纪松散岩类孔隙水</td><td rowspan="2">全新统潜水含水岩组</td><td colspan="2">潜水含水层 Q_4^3</td><td>Al MC L</td><td rowspan="2">灰色细砂、粉砂、粉土及粉质黏土</td><td>砂层埋深 3m～4m</td><td>0～20m</td><td rowspan="2">除西南部零星分布的基岩孤丘处缺失外，广泛分布。其厚度由基岩分布区往分支河床和河口滨岸增厚。砂层主要分布于分支河床、河口滨岸及西部古湖泊区</td><td rowspan="2">含水组富水性弱。微承压含水层富水性比潜水层弱。区域北半部比南半部富水性强</td><td rowspan="2">自西向东由淡水逐步过渡为微咸水至半咸水。微咸水、半咸水主要分布在钦公塘以南、岛屿等地，硬度一般为 12°d～15°d，水温为 12℃～15℃</td><td rowspan="2">HCO_3-Na
HCO_3・Cl-Ca Na；
Cl-Na</td></tr>
<tr><td colspan="2">微承压含水层 Q_4^1</td><td>Al L MC</td><td>砂层埋深 15m～22m</td><td>0～15m</td></tr>
<tr><td rowspan="3">上更新统承压含水岩组</td><td colspan="2">第Ⅰ承压含水层 Q_3^{2C}</td><td>MC-Al</td><td>灰黄色细砂为主，局部为中细砂或粉砂</td><td>顶面一般为 25m～35m，局部地段小于 20m 或大于 40m</td><td>一般为 6m～15m，东南部＞20m</td><td>主要分布于汉流河道及东南部河口湾区，沿现代长江河口岛屿区缺失</td><td>含水层富水性较弱，但沿分支河床、滨岸和河口海湾等地段单井涌水量可达500m³/d～1000m³/d</td><td>据少量资料推测，绝大部分地区可能为微咸至咸水</td><td>Cl・HCO_3-Na；
Cl-Na</td></tr>
<tr><td rowspan="2">第Ⅱ承压含水层组</td><td>第Ⅱ上含水层 Q_3^{2b}</td><td>AL MC</td><td rowspan="2">分支主道和河口入海处为灰色中粗砂夹砾，其他地区为灰色中细砂、细砂或粉砂</td><td rowspan="2">因上、下两个含水层在大部分地区砂层连通，故作为一含水组。顶面 60m～70m，底面 100m～115m</td><td rowspan="2">一般为 20m～40m，个别地段可大于 50m</td><td rowspan="2">除佘山-天马山等基岩浅埋区缺失外，全区广泛分布，且发育，尤其三条汊流主道及河口入海地区更为发育</td><td rowspan="2">是区内最具丰富地下水的岩性组。长江河口段的崇明岛大部、嘉定、宝山、浦东新区北部以及东南部闵行-果园等地区富水性好，单井涌水量小于 3000m³/d（降深 5m）。富水性弱的主要分布于毗邻佘山-天马山等基岩浅埋区。单井涌水量小于 100m³/d</td><td rowspan="2">微咸水、半咸水、咸水分布范围广，而淡水仅分布于崇明岛西部南岸、宝山区大部，浦东新区北部、市区东部和西部边缘地带，水温为 19℃～20℃</td><td rowspan="2">Cl-Na；
Cl・HCO_3-Na；
HCO_3-Na</td></tr>
<tr><td>第Ⅱ下含水层 Q_3^1</td><td>Al-MC</td></tr>
</table>

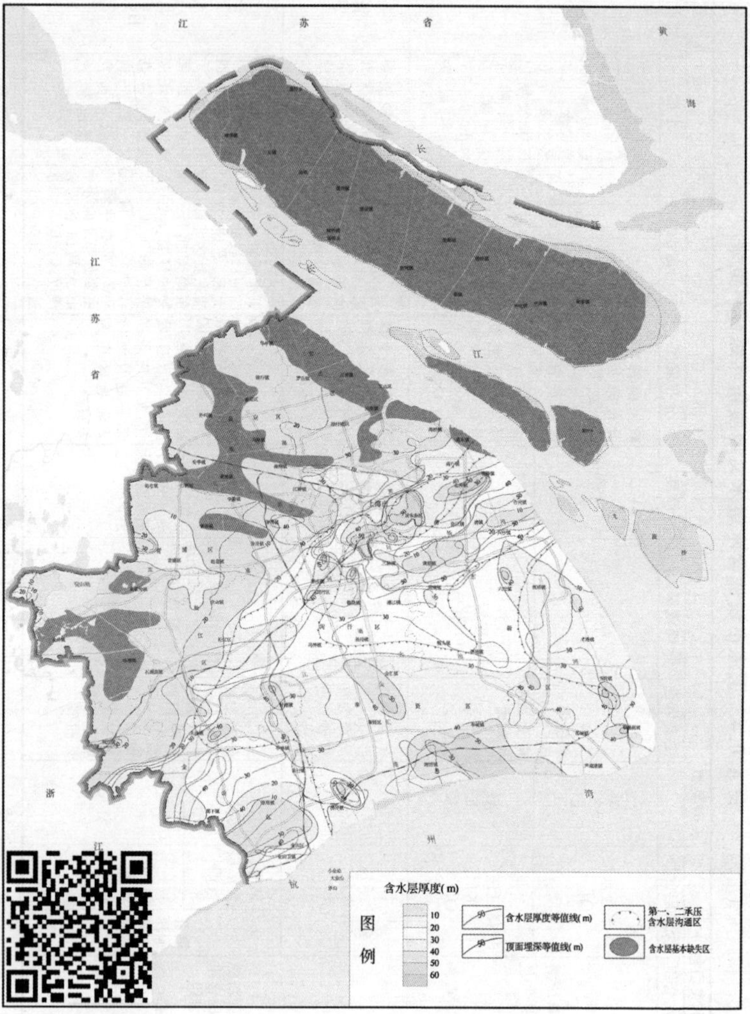

图 A.0.4-1 第一承压含水层埋藏分布图

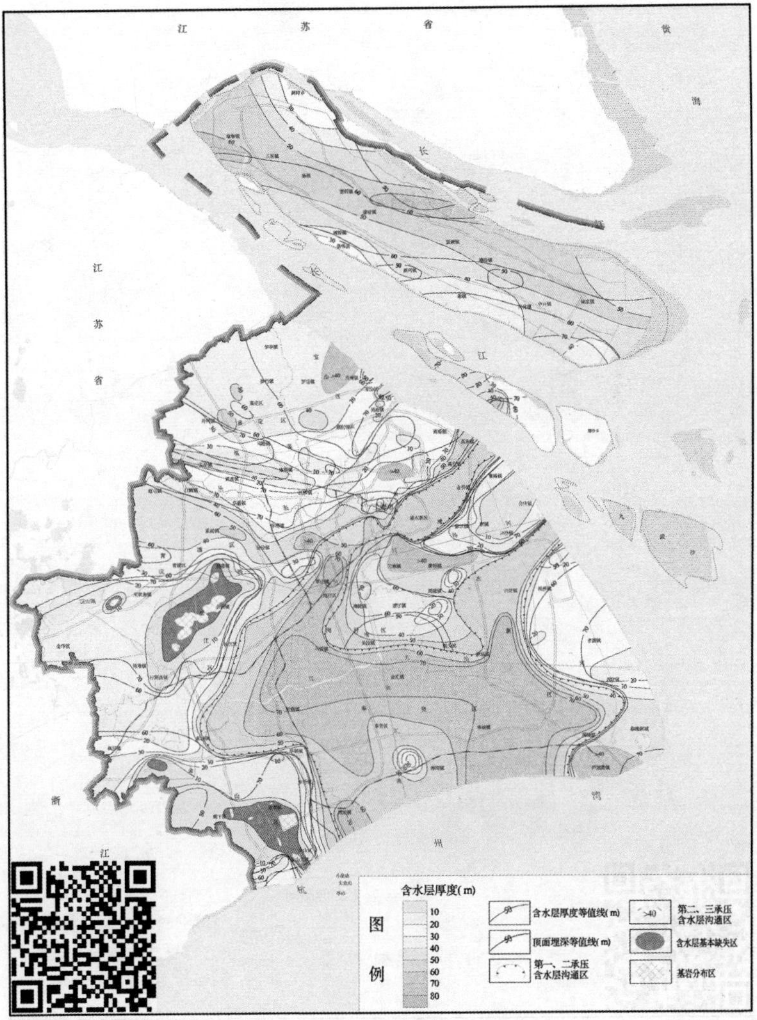

图 A.0.4-2 第二承压含水层埋藏分布图

图 A.0.4-3　第三承压含水层埋藏分布图

附录B　上海市第四纪地层简表

B.0.1　上海市建设工程涉及的埋深约150m以浅松散沉积物，其年代地层一般属上更新统和全新统，为距今约13万年以来所沉积。

B.0.2　按岩石地层可划分为上更新统川沙组、南汇组（太湖平原区为滆湖组），全新统娄塘组、上海组、如东组（太湖平原区为青浦组）。

B.0.3　该段地层以海相或海陆过渡相为主、间有部分陆相的河、湖堆积。

表 B　上海市第四纪地层简表

年代地层	岩石地层	地层代号	层底埋深(m)	层厚(m)	岩性特征	沉积相
全新统	青浦组／如东组	Qh_3q／Qh_3r	1～14	1～14	褐黄色粉质黏土、砂质粉土。河口区中下部多粉细砂，太湖区下部夹泥炭	湖沼-河口滨海
	上海组	Qh_3s	10～20	0～15	灰色淤泥质粉质黏土夹粉砂，河口区粉质黏土、粉砂互层。太湖区褐黄色粉质黏土夹粉砂	泻湖-河口滨海
			18～26	0～12	深灰色淤泥质黏土，下部夹含贝壳粉砂纹层。太湖区灰色黏土，多植物碎屑，偶夹泥炭，下部粉质黏土夹砂质粉土，含贝壳	泻湖-滨海-浅海
	娄塘组	Qh_3l	23～42	0～20	深灰色淤泥质粉质黏土、黏土，多植物碎片，含泥钙质结核，西南部地区下部夹泥炭质层	河口滨海
			39～61	0～18	灰、黄灰色粉土、粉细砂夹粉质黏土，较多软体动物介壳	支流河道、河口

续表 B

年代地层	岩石地层		地层代号	层底埋深（m）	层厚（m）	岩性特征	沉积相
上更新统	南汇组 / 滆湖组	上段	Qp_3n^3 / Qp_3g^3	5～43	0～14	暗绿、褐黄色粉质黏土、黏土，含铁锰质结核、斑纹	泛滥平原、湖泊
		中段	Qp_3n^2 / Qp_3g^2	48～85	10～54	上部姜黄色粉质黏土，黄、黄灰色粉细砂，中部灰色粉质黏土频夹粉细砂、砂质粉土纹层，下部多为灰色细砂、含砾中细砂。河口区全组为粉细砂、含砾砂。太湖区为褐黄、暗绿、杂色褶纹状粉质黏土、黏土夹粉土，下部灰色细砂、含砾砂	滨海-浅海
		下段	Qp_3n^1 / Qp_3g^1	54～91	0～16	深灰、灰绿色粉质黏土、砂质粉土，含钙核。河口与嘉定区灰色粉质黏土、粉细砂薄互层	泛滥平原
	川沙组		Qp_3c	85～133	16～75	上部浅灰、黄灰色粉细砂夹粉土，河口区夹含砾砂，中下部含砾砂为主，太湖区灰色粉质黏土夹粉砂	河流-三角洲河流-河口

附录C 土体渗透性分级

表C 土体渗透性等级划分

渗透性等级	渗透系数 k(cm/s)	渗透系数 k(m/d)	土体性质
极微透水	$<10^{-6}$	$<10^{-3}$	黏土、淤泥质黏土
微透水	$10^{-6}\leqslant k<10^{-5}$	$10^{-3}\leqslant k<10^{-2}$	粉质黏土、淤泥质粉质黏土
弱透水	$10^{-5}\leqslant k<10^{-4}$	$10^{-2}\leqslant k<10^{-1}$	黏质粉土
中等透水	$10^{-4}\leqslant k<10^{-3}$	$10^{-1}\leqslant k<1$	黏质粉土、砂质粉土、
中强透水	$10^{-3}\leqslant k<10^{-2}$	$1\leqslant k<10$	粉砂、细砂
强透水	$10^{-2}\leqslant k<10^{-1}$	$10\leqslant k<10^{2}$	中砂、粗砂、砾砂

附录D　土体富水性分级

表D　土体富水性等级划分

富水性等级	单井涌水量 $Q(m^3/h)$	单位涌水量 $q(m^3/h \cdot m)$	土体性质
强	$Q \geqslant 30$	$q \geqslant 3$	中砂、粗砂
中等	$10 \leqslant Q < 30$	$1 \leqslant q < 3$	粉砂、细砂
弱	$1 \leqslant Q < 10$	$0.1 \leqslant q < 1$	粉土、黏性土粉砂互层
极弱	$Q < 1$	$q < 0.1$	夹粉土、夹砂的黏性土

注:以水位降深为10m、过滤管管径为273mm的单井涌水量及单位涌水量评价土体富水性、划分土体的富水等级。

附录E 地层水力联系程度

表E 相邻含水层之间水力联系程度

水力联系程度	含水层间弱透水层渗透系数	
	(m/d)	(cm/s)
强	$10^{-2}\sim10^{-1}$	$10^{-5}\sim10^{-4}$
较强	$10^{-3}\sim10^{-2}$	$10^{-6}\sim10^{-5}$
一般	$10^{-4}\sim10^{-3}$	$10^{-7}\sim10^{-6}$
弱	$<10^{-4}$	$<10^{-7}$

附录 F　水文地质参数计算公式

F.0.1　根据稳定流抽水试验资料计算含水层渗透系数，可按表 F.0.1 的要求进行。

表 F.0.1　稳定流抽水渗透系数计算

地下水类型	抽水孔类型	计算图式	计算公式	适用条件	说明
承压水	完整孔	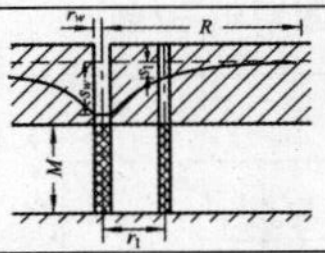	$k=\dfrac{Q}{2\pi M(s_w-s_1)}\ln\dfrac{r_1}{r_w}$	1. 1个观测孔； 2. s-lg$r$ 呈直线	s_1—承压含水层观测孔1水位降深； s_2—承压含水层观测孔2水位降深； r_1—观测孔1至抽水孔距离； r_2—观测孔2至抽水孔距离； h_1—抽水稳定后观测孔1处潜水含水层厚度； h_2—抽水稳定后观测孔2处潜水含水层厚度； s_w—抽水孔的水位降深； R—影响半径； r_w—抽水孔半径； H—潜水含水层厚度； M—承压含水层厚度 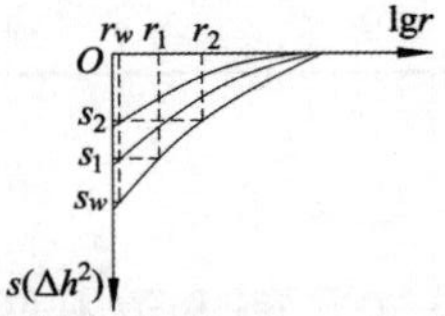
		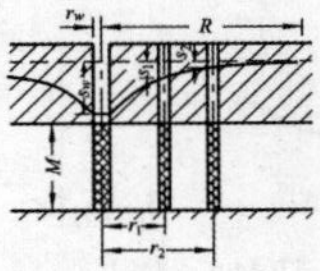	$k=\dfrac{Q}{2\pi M(s_1-s_2)}\ln\dfrac{r_2}{r_1}$	1. 2个观测孔； 2. s-lg$r$ 呈直线	
潜　水	完整孔	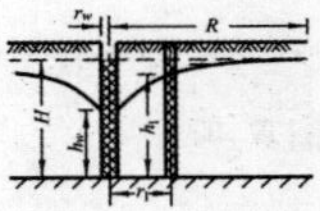	$k=\dfrac{Q}{\pi(h_1^2-h_w^2)}\ln\dfrac{r_1}{r_w}$	1. 1个观测孔； 2. Δh^2-lg$r$ 呈直线	
		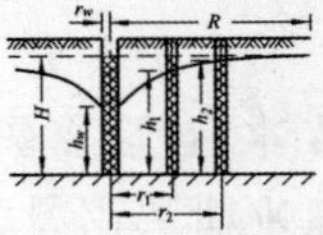	$k=\dfrac{Q}{\pi(h_2^2-h_1^2)}\ln\dfrac{r_2}{r_1}$	1. 2个观测孔； 2. Δh^2-lg$r$ 呈直线	

F.0.2 利用非稳定流抽水试验资料，在无垂向越流的条件下，可采用标准曲线对比法（配线法）、直线图解法计算渗透系数、导水系数和压力传导系数，按表 F.0.2 的要求进行。

表 F.0.2 非稳定流抽水水文地质参数计算(无越流)

地下水类型	计算方法	示意图	计算公式	适用条件	说明
承压水	配线法(Theis)	降深-时间配线法 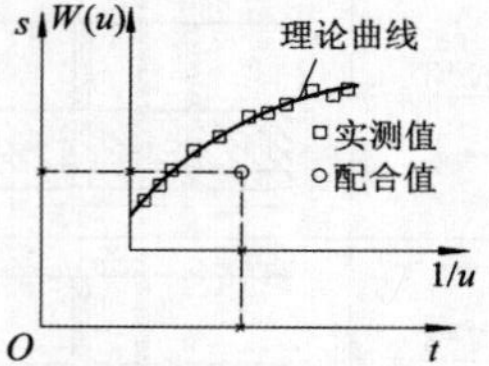 	$T=\frac{Q}{4\pi s}W(u)$ $S=\frac{4Tt}{r^2(1/u)}$ $k=\frac{T}{M}$ $a=\frac{T}{S}$ $W(u)=\int_u^{\infty}\frac{1}{u}e^{-u}du$	1. 无越流补给； 2. 完整孔抽水或观测孔与抽水孔间距不小于 1.5m 的非完整孔抽水	T—导水系数； S—储水系数； a—压力传导系数； M—承压含水层厚度； s—水位降深； r—观测孔至抽水孔距离； t—自抽水开始计的时间； $W(u)$—井函数； u—井函数自变量。 $\lg s$-$\lg t$ 与 $\lg W(u)$-$\lg(1/u)$ 拟合； $\lg s$-$\lg r^2$ 与 $\lg W(u)$-$\lg(u)$ 拟合
		降深-距离配线法 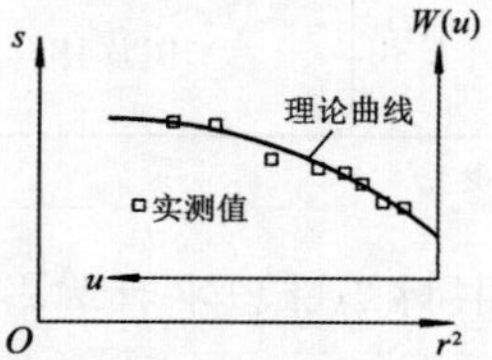 		1. 无越流补给； 2. 完整孔抽水或观测孔与抽水孔间距不小于 1.5m 的非完整孔抽水； 3. 有 3 个以上观测孔	

续表 F.0.2

地下水类型	计算方法	示意图	计算公式	适用条件	说明
承压水	直线图解法(Cooper-Jacob)	降深-时间直线图解法 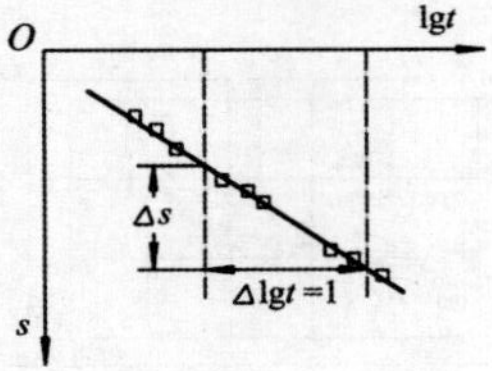 降深-距离直线图解法 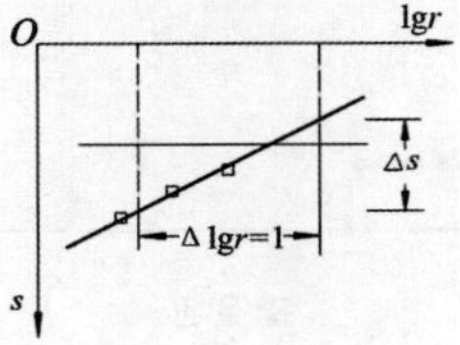 	$T=\frac{2.3Q}{4\pi i}=\frac{2.3Q}{4\pi\Delta s}$ $S=\frac{2.25Tt_0}{r_0^2}$	抽水时间足够长，$u\leqslant 0.01$	s-lg$t$ 法：观测孔数≥1； s-lg$r$ 法：观测孔数≥3； i—拟合直线斜率； Δs——个对数周期的水位降深； t_0—拟合直线延长线与 t 轴的交点； r_0—拟合直线延长线与 r 轴的交点

续表 F.0.2

地下水类型	计算方法	示意图	计算公式	适用条件	说明
承压水	配线法	$l/M=0.25$ 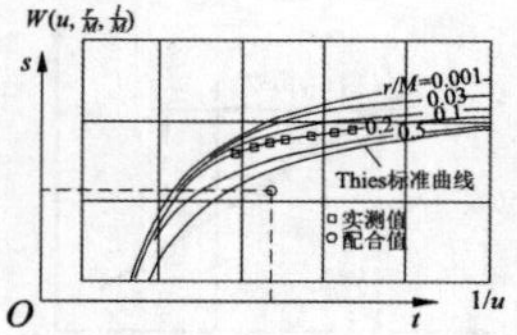	$T=\frac{Q}{4\pi s}W\left(u,\frac{r}{M},\frac{l}{M}\right)$ $S=\frac{4Tt}{r^2(1/u)}$ $k=\frac{T}{M}$ $a=\frac{T}{S}$	1. 无越流补给； 2. 各向同性承压含水层； 3. 非完整孔抽水，观测孔与抽水孔间距不大于1.5m	T—导水系数； S—储水系数； a—压力传导系数； M—承压含水层厚度； s—水位降深； r—观测孔至抽水孔距离； t—自抽水开始计的时间； $W(u,r/M,l/M)$—无越流补给各向同性非完整井函数； u—井函数的自变量； l—抽水井过滤器长度。 $\lg s$-$\lg t$ 与 $\lg W(u,r/M,l/M)$-$\lg(1/u)$拟合

F.0.3 利用非稳定流抽水试验资料，有垂向越流补给的条件下，可采用标准曲线法（配线法）或拐点对数法计算渗透系数、导水系数、压力传导系数及越流因子，按表 F.0.3 的要求进行。

表 F.0.3 非稳定流抽水水文地质参数计算（有越流）

地下水类型	计算方法	示意图	计算公式	适用条件	说明
承压水	配线法	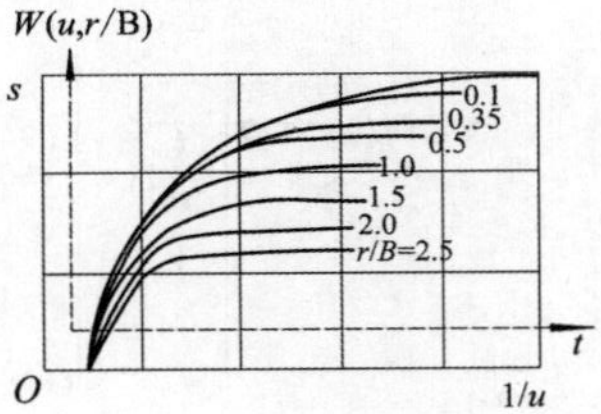	$T=\frac{Q}{4\pi s}W\left(u,\frac{r}{B}\right)$ $S=\frac{4Tt}{r^2(1/u)}$，$B=\frac{r}{(r/B)}$ $\frac{k'}{M'}=\frac{kM}{B^2}$ $W\left(u,\frac{r}{B}\right)$ $=\int_u^{\infty}\frac{1}{u}\exp\left(-u-\frac{r^2}{B^2u}\right)\mathrm{d}u$	1. 有越流补给； 2. 各向同性承压含水层	T—导水系数； S—储水系数； M—承压含水层厚度； s—水位降深； r—观测孔至抽水孔的距离； t—自抽水开始计的时间； $W(u,r/B)$—越流井函数； u—井函数的自变量； B—越流因子； k'—弱透水层渗透系数； M'—弱透水层厚度。 i_p—s-$\lg t$ 关系曲线上拐点处的斜率； t_p—s-$\lg t$ 关系曲线上拐点的时间； s_{max}—最大水位降深。 $\lg s$-$\lg t$ 与 $\lg W(u,r/B)$-$\lg(1/u)$ 拟合
	拐点法	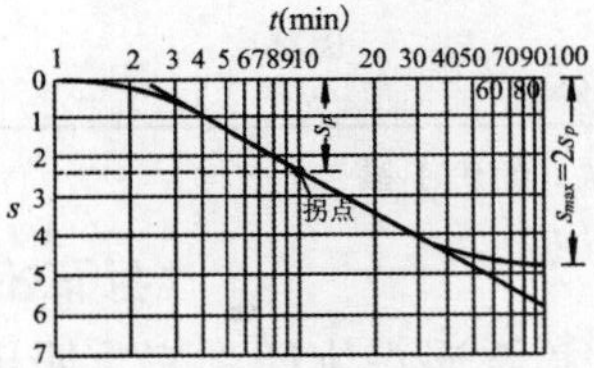	$T=\frac{2.3Q}{4\pi i_p}e^{-\frac{r}{B}}$ $S=\frac{2Tt_p}{r^2}\left(\frac{r}{B}\right)$	抽水时间足够长，$u\leqslant 0.01$	

F.0.4 利用抽水试验的水位恢复资料，可采用图解法计算渗透系数、导水系数、压力传导系数，按表F.0.4的要求进行。

表 F.0.4 利用水位恢复资料计算含水层水文地质参数

地下水类型	计算方法	示意图	计算公式	适用条件	说明
承压水	直线图解法	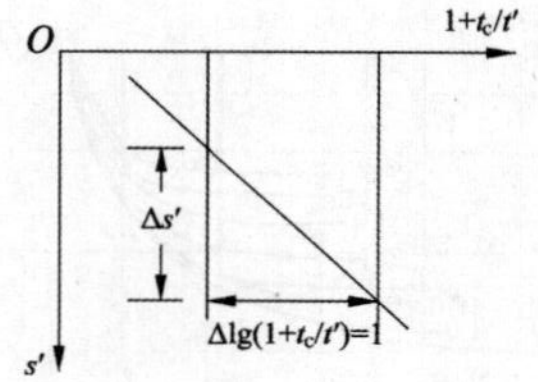	$T=\frac{2.3Q}{4\pi\Delta s'}$，$S=\frac{T}{a}$ $a=0.44\left(\frac{r^2}{t_c}\right)10^{-\frac{s'}{t'}}$	停止抽水前，抽水孔动水位已稳定	T—导水系数； S—储水系数； r—观测孔至抽水孔距离； t_c—抽水延续时间； t'—水位恢复延续时间； s'—剩余降深
	/	/	$k=\frac{Q}{4\pi Ms'}\ln\left(1+\frac{t_c}{t'}\right)$	停止抽水前，抽水孔动水位仍呈直线下降	

F.0.5 利用微水试验测得的水位恢复资料，可采用标准曲线对比法（配线法）计算承压含水层的渗透系数，按表 F.0.5 的要求进行。

表 F.0.5 利用微水试验资料计算含水层水文地质参数

地下水类型	计算方法	标准曲线 $(H/H_0)-\lg(Tt/r_c^2)$	计算公式	说明
承压水	配线法	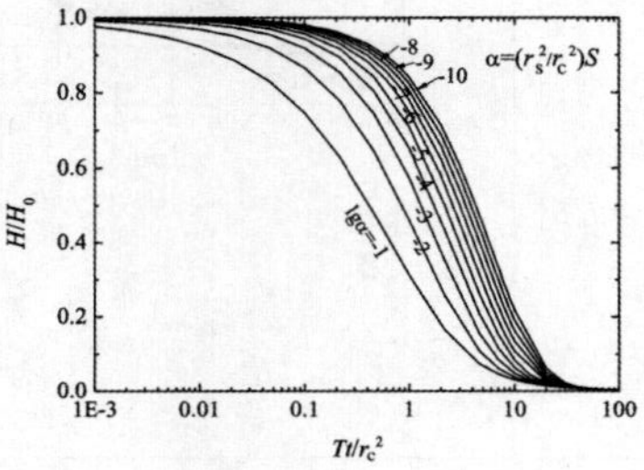	$k=\frac{r_c^2}{Mt}$ $S=\frac{r_c^2\alpha}{r_s^2}$	r_c—井管内半径(m)； r_s—过滤器外半径(m)； H—t 时刻孔内水位变幅； H_0—孔内最大水位变幅； α—与 H_t/H_0 相关的参数； M—含水层厚度； S—储水系数； $(H/H_0)-\lg t$ 与标准曲线拟合， 匹配点为：$[Tt/r_c^2]$，$[t]$，$[\alpha]$

F.0.6 利用潜水含水层的非稳定流抽水试验资料，可采用标准曲线法(配线法)计算潜水含水层的给水度，按表 F.0.6 的要求进行。

表 F.0.6 非稳定流抽水潜水含水层给水度计算

地下水类型	标准曲线	计算公式	适用条件	说明
潜水，无压水	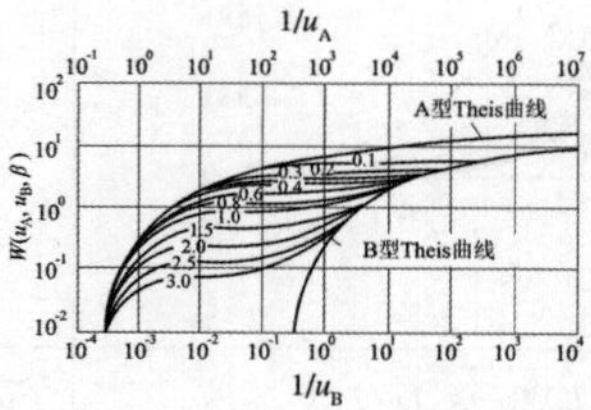	$T=\frac{Q}{4\pi s}W(u_A,u_B,\beta)$ $S=\frac{4Tt}{r^2(1/u_A)}$ $\mu=\frac{4Tt}{r^2(1/u_B)}$ $k_h=\frac{T}{H}$ $k_v=\frac{\beta HT}{r^2}$	完整孔抽水	T—导水系数； S—储水系数； μ—给水度； H—潜水含水层厚度； s—水位降深； r—观测孔至抽水孔的距离； t—自抽水开始计的时间； $W(u_A, u_B, \beta)$—潜水含水层抽水井函数； u_A—表征 A 型曲线的自变量； u_B—表征 B 型曲线的自变量。 lg$s$-lg$t$ 与标准曲线拟合，匹配点为：[$W(u_A, u_B, \beta)$]，[$1/u_A$]，[$1/u_B$]，[s]，[t]，[β]

F.0.7 利用稳定流抽水试验资料计算影响半径时，可按表 F.0.7 的要求进行。

表 F.0.7 稳定流抽水影响半径计算

地下水类型	计算图式	计算公式	应用条件	说明
承压水	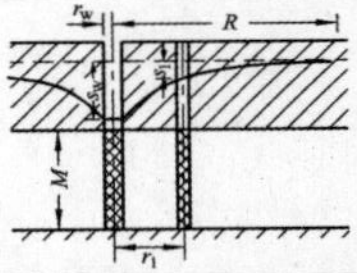	$\lg R=\frac{s_w \lg r_1 - s_1 \lg r_w}{s_w - s_1}$	1个观测孔	s_1—观测孔 1 的水位降深； s_2—观测孔 2 的水位降深； r_1—观测孔 1 至抽水孔的距离； r_2—观测孔 2 至抽水孔的距离； h_1—抽水稳定后观测孔 1 处潜水含水层的厚度； h_2—抽水稳定后观测孔 2 处潜水含水层的厚度； s_w—抽水孔的水位降深； R—影响半径； r_w—抽水孔半径； H—潜水含水层厚度； M—承压含水层厚度
	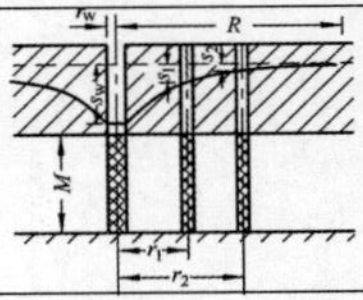	$\lg R=\frac{s_1 \lg r_2 - s_2 \lg r_1}{s_1 - s_2}$	2个观测孔	
潜水	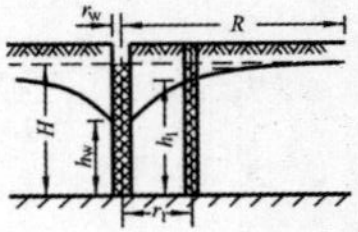	$\lg R=\frac{s_w(2H-s_w)\lg r_1 - s_1(2H-s_1)\lg r_w}{(s_w-s_1)(2H-s_w-s_1)}$	1个观测孔	
	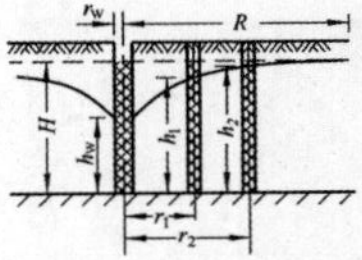	$\lg R=\frac{s_1(2H-s_1)\lg r_2 - s_2(2H-s_2)\lg r_1}{(s_1-s_2)(2H-s_1-s_2)}$	2个观测孔	

附录G 上海各含水层渗透系数经验值

表G 含水层水文地质参数经验值

含水层类别	含水层骨架土层编号	含水层骨架土层名称	水平向渗透系数 k_h(m/d)
微承压含水层	④$_2$,⑤$_2$	黏质粉土	0.1～0.5
		砂质粉土	0.5～1.0
	⑤$_2$	粉砂	1.0～3.0
	⑤$_{3-2}$,⑧$_2$	粉土与黏性土互层	0.1～0.5
承压含水层	⑦$_{1-1}$	黏质粉土	0.1～0.5
	⑦$_{1-2}$	砂质粉土、粉砂	0.5～5.0
	⑦$_2$	粉砂	3.0～12.0
	⑨	粉砂、细砂、中粗砂	10～100

附录 H 降水诱发沉降的计算方法

H.0.1 降水引起的地面沉降量采用分层总和法，可按下式计算：

$$d=\psi_{w}\sum_{i=1}^{n}\frac{\Delta\sigma'_{zi}b_{i}}{E_{si}} \tag{H.0.1}$$

式中：d——降水引起的建筑物基础或地面的固结沉降量(m)；

ψ_{w}——沉降的经验系数，应根据现场试验测定或按类似工程经验取值，无经验时，宜取 $\psi_{w}=1$；

$\Delta\sigma'_{zi}$——降水引起的地面下第 i 土层中点处的有效应力增量(kPa)，对黏性土应取降水结束时土的有效应力增量；

b_{i}——第 i 层土的厚度(m)；

E_{si}——第 i 层土的侧限压缩模量(kPa)。

H.0.2 压缩模量 E_{s} 可取土的自重应力至自重应力与有效应力增量之和之间的压力段的压缩模量值；对粉土、砂土，可根据原位测试指标换算确定。

H.0.3 各分层土体中的水位降深，可采用三维非稳定地下水渗流数值分析法计算确定。

H.0.4 有效应力增量可根据计算的地下水位降深，按下列公式计算：

1 计算点位于初始地下水位以上时

$$\Delta\sigma'_{zi}=0 \tag{H.0.4-1}$$

2 计算点位于降水水位与初始地下水位之间时

$$\Delta\sigma'_{zi}=\gamma_{w}a_{0} \tag{H.0.4-2}$$

3 计算点位于降水水位以下时

$$\Delta\sigma'_{zi}=\gamma_{w}s_{i} \tag{H.0.4-3}$$

式中：γ_w——水的重度(kN/m^3)；

s_i——计算点对应的地下水位降深(m)；

a_0——计算点至初始地下水位的垂直距离(m)。

本标准用词说明

1 为了便于在执行本标准条文时区别对待，对于要求严格程度不同的用词说明如下：

1） 表示很严格，非这样做不可的用词：

正面词采用“必须”；

反面词采用“严禁”。

2） 表示严格，在正常情况下均应这样做的用词：

正面词采用“应”；

反面词采用“不应”或“不得”。

3） 表示允许稍有选择，在条件允许时首先应这样做的用词：

正面词采用“宜”；

反面词采用“不宜”。

4） 表示允许选择，在一定条件下可以这样做的用词，采用“可”。

2 条文中指明应按其他有关标准、规范执行的，写法为：“应按……执行”或“应符合……的规定（或要求）”。

引用标准名录

1 《供水水文地质勘察规范》GB 50027
2 《冶金工业水文地质勘察规范》GB 50615
3 《管井技术规范》GB 50296
4 《土工试验标准》GB/T 50123
5 《基坑工程监测技术规范》GB 50497
6 《城市轨道交通工程监测技术规范》GB 50911
7 《封闭满管道中水流量的测量饮用冷水水表和热水水表》GB/T 778
8 《地下水质量标准》GB/T 14848
9 《建筑与市政降水工程技术规范》JGJ/T 111
10 《建筑变形测量规范》JGJ 8
11 《岩土工程勘察规范》DGJ 08－37
12 《基坑工程技术标准》DG/TJ 08－61
13 《岩土工程外业操作规程》DG/TJ 08－1001
14 《基坑工程施工监测规程》DG/TJ 08－2001

上海市工程建设规范

建设工程水文地质勘察标准

DG/TJ 08－2308－2019

J 14950－2019

条文说明

2020　上海

目　次

Contents

1 总　则

1.0.1 国内关于水文地质勘察的规范为数不多，且分散于城市供水工程、水利水电工程、电力工程、公路工程、铁路工程以及其他工程建设等各个行业。其中，《城市供水水文地质勘察规范》CJJ 16－88、《供水水文地质勘察规范》GB 50027－2001 主要用于指导城镇与工矿企业的供水水文地质勘察工作；《水利水电工程水文地质勘察规范》SL 373－2007 主要用于指导大型水利水电工程的供水水文地质勘察工作（中、小型水利水电工程可参照执行）；《电力工程水文地质勘测技术规程》DL/T 5034－2006 主要用于指导电力工程水文地质勘察工作；《冶金工业水文地质勘察规范》GB 50615－2010 主要用于指导冶金工业供水、工程降水的水文地质勘察工作；《公路工程水文勘测设计规范》JTJ 062—2002 主要用于指导公路水文勘测设计工作；《铁路工程水文地质勘察规程》TB 10049－2004 主要用于指导新建与改建铁路设计、施工及运营阶段的供水、工程和环境评价的水文地质勘察工作。以上 7 部规范的编制内容侧重于水文地质测绘，水资源评价、开发与保护，以及水环境评价与保护。《工程建设水文地质勘察标准》CECS 241：2008 主要用于指导各类工程建设的水文地质勘察工作（不包括供水水文地质勘察），其编制内容侧重于区域气候、水文和水文地质调查，区域水文地质勘察要求，水文地质评价和预报，水库、坝址、堤防、隧道和地下洞室、边坡、房屋建筑和市政工程等各类建设工程的水文地质勘察要点等。《建筑与市政降水工程技术规范》JGJ/T 111－98 主要用于指导新建、改建、扩建的建筑与市政工程的降水工程勘察、设计、施工及与地下水相关的环境监测、防治、水土资源保护等，其编制内容侧重于降水工程分类，降水工程勘察、设计、施工、监测、维护，与降水工程相关的工程环境预测、监测、防治，以及水土资源保护要求等。针对水文地质勘察的技术手段等相关内容不够具体，对软土地区含水层的水文地质试验方法与要求、参数分析方法等不够具体、明确。

综观上述9部水文地质勘察规范，针对各类地下工程的水文地质勘察技术方法、要点与要求的编制内容不够深入、具体；部分规范的编制内容虽涉及建设工程的水文地质勘察，但未能体现深厚松散沉积层覆盖的软土地区的地层性质、水文地质条件、地下工程特征及相关技术要点与要求，对软土地区工程建设的水文地质勘察工作缺乏明确的指导意义。上海地区水文地质勘察缺乏统一的技术标准，不利于规避软土地区城市地下空间开发与建设风险。

上海市经过了20多年的城市建设和地下空间开发与建设，对上海市建设工程水文地质条件已有较全面的认识，积累了丰富的水文地质勘察与设计经验，掌握了工程建设中有效控制地下水的方法，较全面地掌握了各类水文地质条件的分析理论工具、分析方法，掌握了复杂水文地质条件下的水文地质参数分析与计算方法。在搜集和掌握了较丰富的水文地质勘察与设计案例、建设工程地下水控制案例的基础上，编制本标准的技术条件已经成熟。

在总结了建设工程水文地质勘察技术和地下水控制经验的基础上，为保证水文地质勘察工作质量，促进技术进步，保证工程安全和保护环境、技术与经济平衡发展，制定了本标准，并与相关技术标准、规范进行了协调。

1.0.2 本标准针对上海地区的软土地质环境、水文地质特征及建设工程需求，为各类建设工程的水文地质勘察规定了工作流程、工作内容、工作方法与技术要求，能有效指导各类工程的水文地质勘察与设计工作。

本标准旨在规范建设工程（包括房屋建筑和市政、水利等工程）的水文地质勘察工作，统一工作准则与技术要求，有利于保证建设工程水文地质勘察成果的正确性与可靠性，为各类工程提供充分、可靠的地下水控制设计依据，有利于加强工程建设中对地下水的有效控制，保证建设工程安全。

本标准能有效指导工程建设中的地下水抽排量控制，避免过度抽排地下水，减小与控制建设工程引起的过度沉降，有利于环境保护。

【工程案例分析】上海轨道交通 4 号线董家渡隧道修复工程承压水控制

1　工程概况

该项目南侧紧临 22 层临江花苑大厦，北侧为董家渡路，西部为中山南路，东侧为黄浦江。深基坑长约 263.00m，宽为21.00m～22.50m，开挖深度为 38.00m～40.90m。整个基坑由内隔墙分割为东、中、西三个基坑，采用地下连续墙作围护结构兼止水帷幕，地下连续墙深度为 65.00m，厚度为 1.20m。

2　场区工程地质与水文地质条件

工程场地的地基土分布如表 1 所示。本工程场地下伏⑦，⑨，⑪层分别为上海地区的第一、二、三承压含水层。由于缺失第⑧，⑩层黏性土，在本场地内及其周围的第一、二、三承压含水层相互连通，形成 1 个总厚度达 118.20m 的复合承压含水层组，其渗透性及地下水贮量极为丰富。

表 1　地基土特征简表

层序	土名	层底埋深(m)
①	填土	3.30
②	黏质粉土	16.10
④	淤泥质黏土	18.90
⑤	粉质黏土	24.20
⑥	粉质黏土	27.70

续表 1

层序	土名	层底埋深(m)
$⑦_1$	砂质粉土	37.00
$⑦_{2f}$	粉细砂	68.40
$⑨_{1f}$	粉细砂	84.00
$⑨_{2x}$	含砾细砂	(未钻穿)
⑪	含砾中粗砂	

3 工程难题及对策

该项目的基坑开挖已完全揭穿下伏第一承压含水层$⑦_1$层，其底部已进入下伏$⑦_2$层面以下 1.00m～3.90m。如何控制下伏巨厚承压含水层的水位，保障工程本体及周边环境安全，是本工程面临的主要难题之一。面对上海市首项超深基坑工程、特殊的承压水埋藏条件及严格的环境变形控制要求，没有任何可以借鉴的同类工程经验。采用何种方案才是最合适、最可靠的？为此召开的专题论证会议竟多达将近 20 次。

如果采用日本权威专家推荐的“气压沉箱法”技术措施，将是较为可靠的。出于两方面的原因，最终未采纳该项建议措施：

① 国内自 20 世纪 60 年代以来，鲜有“气压沉箱法”的工程案例与经验，更无深层承压含水层中的“气压沉箱法”施工经验；

② 该技术措施的代价较昂贵，其单项工程造价约 3.0 亿元。在前述基坑支护方案确认可行、允许实施的前提下，经多次论证后确定采用降排水措施控制承压水位。

如果采用同类水文地质条件下“上海环球金融中心项目”的承压水降排水工程经验，采用坑外减压降水措施，经预测计算，将需要设置约 200 口坑外承压水降水井，每小时排水量达到 13 500m^3，每日排水量达到 324 000m^3；坑外最大承压水位降深将达到 40.00m，由此引起的周边环境沉降将达到 120mm～160mm（预测值）。基于现场场地条件与排水条件的限制以及周边环境保护要求，该方案不合理、不可行。

经专项课题研究，分析该项目场地的承压水埋藏条件及隔水帷幕性质，首次提出了悬挂式帷幕的概念与悬挂式帷幕减压降水的设计理念，确定采用坑内减压降水与相应技术措施，在按需降水的前提下，控制地下水抽排总量与坑外承压水位降深，达到保证工程施工安全与环境安全的目的。

4　水文地质勘察

通过对该项目场地的水文地质勘察，为制定合理的承压水降水设计方案提供了充分的设计依据。经现场勘探、试验、资料整理与分析，得到以下勘察成果：

1）查明了黄浦江潮汐水位引起的承压水位变化规律及变化范围。

2）查明了承压含水层的分布条件与初始承压水位标高。

3）确定了承压含水层的水文地质参数及各向异性渗透性质。

4）提出了合理的减压降水井结构，确定了单井涌水量。

5）经基坑抗承压水稳定性分析，明确了坑内承压水位控制要求。

6）初步预测了减压降水引起的周边环境沉降量。

5　承压水控制设计

基于该项目的水文地质勘察成果、基坑工程特点和场区地质条件分析，以及周边环境对降水的严格要求，经过三维地下水非稳定渗流与地面沉降的计算与预测分析后，制定和实施了坑内减压降水方案，具体内容如下：

1）基坑内布置了 56 口井（东坑内 28 口，中坑内 6 口，西坑内 12 口），其中 46 口为抽水井，10 口为备用井兼坑内承压水位观测井。

2）降水井深度为 60.0m，过滤器长度为 15.0m，其顶端埋深为 44.0m，底端埋深为 59.0m，过滤器底端埋深小于地下连续墙脚埋深 6.0m,井结构如图 1 所示。

3）坑内井群以较小抽水量抽水,单井抽水量仅 $15m^3/h$～$25m^3/h$,各施工工况下的排水量不大于 600 m^3/h。

4）预测坑内承压水位降低到设计要求的 42.0m 深度处,水位降深达到 33.0m;预测坑外承压水位降深约为 5.0m,预测基坑周边因承压水位下降引起的最大地面沉降量小于 20mm。

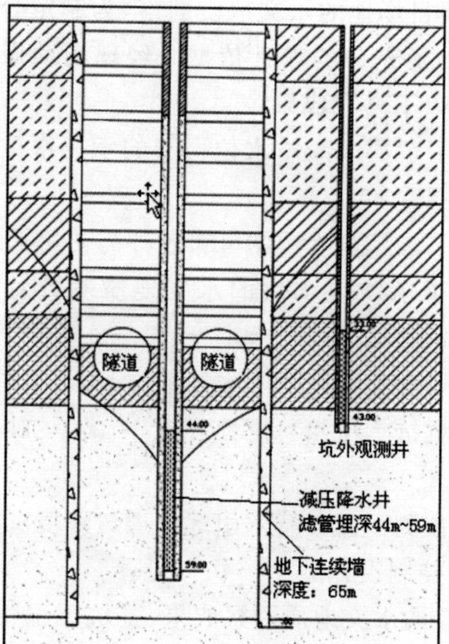

图 1　降水井结构剖面图

6　承压水水位与地面沉降控制效果

上海轨道交通 4 号线董家渡隧道修复工程始于 2005 年 1 月,至 2007 年 12 月结束。基坑降水始于 2006 年 3 月,至 2007 年 7 月结束,承压水水位与地面沉降效果如下:

1）基坑内承压水位一直控制在基坑开挖面以下,保证了基坑施工安全。当基坑开挖深度达到38.00m～40.90m，坑内最大承压水位埋深达到44.0m，水位降深达到35.0m。

2）根据承压水位监测资料，当基坑内承压水位降深达到35.0m时，基坑外观测井内的最大承压水位降深约为4.0m；设计阶段预测坑外最大承压水位降深约为5.0m，计算结果与实际水位降深基本一致。

3）根据地面沉降监测资料，基坑外侧相邻地面沉降量较小。部分监测点处的地面沉降监测值如表2所示。基坑周围地面沉降的预测计算值与监测值较为接近。

表2　地面沉降监测数据

监测点平面位置	地面沉降量(mm)	监测时间
中山南路	12.11	2006.7.18
董家渡路	10.25	2006.7.28
临江花苑大厦	14.22 （已扣除工程修复前沉降量）	2006.6.22

2 术语和符号

2.1 术 语

本节收编了工程水文地质勘察领域的主要术语，遴选了国际和国内常用的中英文词汇和说明。术语选编中注意了与相关专业术语表达的一致性。

3 基本规定

3.0.1 水文地质勘察成果是各类建设工程的地下水控制设计与施工的重要依据与基础支撑。合理的工作流程是:先进行岩土工程勘察,查明拟建场地的岩土工程条件;然后进行水文地质勘察,查明拟建场地的水文地质条件。勘察报告除应客观反映场地的水文地质条件外,尚应结合工程性质,对设计与施工可能涉及的水文地质问题进行针对性评价,并提出结论与建议。

3.0.2 勘察纲要是勘察工作实施的指导文件,本条强调了编制勘察纲要的重要性、必要性和针对性。实际工程中应严格做到先编制勘察纲要,后实施勘察作业。本条还强调了了解当地工程建设经验的重要性。

3.0.3 本条规定了工程水文地质勘察工作的内容与范围,并明确了工程水文地质勘察的主要目的。

3.0.4～3.0.5 勘察区的工程水文地质条件与拟建场地及周边的许多因素相关。本条规定了工程水文地质勘察初期的水文地质资料搜集与调查应包含的主要内容。

3.0.6 为准确预测与分析建设工程地下水控制对工程本体安全与环境的重要影响,在全面分析水文地质勘察资料的基础上,应对地下水环境扰动的全部区域进行水文地质评价,内容包括:建设场地内地下水动态,地下水控制影响深度内各含水层的性质,地表水体与地下水之间及含水层之间的水力联系特征;地下水控制风险源分析及风险控制措施的建议;相邻工程地下水控制对建设工程及周边环境的影响。

3.0.7 本条规定了与地下水控制相关的环境调查的范围与对象,且必须调查和确定受地下水控制影响需要采取保护措施的环境对象。

3.0.8 为保证拟建场地内试验孔不对后期工程建设产生不利影响，现场试验结束后，应对不再利用的试验孔进行封孔处理。从工程建设的可持续发展角度出发，对于工程主体范围以外的不再利用的试验孔也应进行封孔处理。

3.0.9 为统一认识、减少争议、避免混淆，依据上海市工程建设经验，对上海地区含水层组成、分类、性质及层间水力联系性质等，明确了技术标准。

3.0.10～3.0.11 对钻探取土、原位测试、土工试验、水文地质试验孔施工等，明确了应执行的现行国家标准、行业标准及上海市地方标准，保证现场勘察工作要求与现行标准保持一致。

4 勘察等级和勘察纲要

4.1 勘察等级

4.1.1 场地水文地质条件、工程规模、地下水控制要求及环境保护要求等，决定了建设工程水文地质勘察的重要性程度及其等级。

4.1.2 把环境保护对象至工程主体边界的距离与工程降水区域内水位降深的比值，作为划分减压降水环境保护等级的一个依据，主要反映随着保护对象远离降水区域，水位降深的影响逐渐减小的规律。同时，保护对象越重要，对变形控制要求也越高，相应需要全面认识和掌握水文地质条件。

水位下降幅度越大，工程本体和环境的风险也随之越高。上海地区已经有大量的悬挂式帷幕降水的工程实践，统计数据显示，其工程主体外部降深与内部降深的比值，一般在 0.1 到 0.5 之间，且该值与帷幕防渗质量、渗透各向异性、滤管底与帷幕底的高差等有密切关系。值得注意的是，降水区域面积越大，外部降深与内部降深的比值也越大，表现出明显的平面尺度效应。

在确定降水平面影响范围时，也适当考虑了上海市对区域性地面沉降的控制要求（一般在 5mm/y～10mm/y），尽管这与建筑物等保护对象的关系不大。

以上海轨道交通 4 号线董家渡隧道修复工程为例，该工程开挖深度为 38.00m～40.90m，开挖区域的承压水位降深为 35.00m。减压降水环境保护等级如表 3 所示。

表3　上海轨道交通4号线董家渡隧道修复工程减压降水环境保护等级

环境保护对象	保护对象与工程的水平距离(m)	减压降水环境保护等级
临江花苑大厦、防汛墙等	$d \leqslant 70.00 = 2s$	一级
南浦大桥浦西引桥、防汛墙	$2s = 70.00 < d \leqslant 140.00 = 4s$	二级
重要建筑物、防汛墙	$4s = 140.00 < d \leqslant 280.00 = 8s$	三级

悬挂式帷幕降水流态的空间分布规律较为复杂，坑外降深的大小和竖向分布形态除了与保护对象至降水区域的距离密切相关外，还与坑内降深、隔水帷幕的插入深度、地层结构、水文地质参数有关。悬挂式帷幕降水时，隔水帷幕附近为三维流，隔水帷幕插入含水层的深度越大，三维流特征越明显。关于悬挂式帷幕降水坑外降深有如下特征：

1　观察点离降水区域越远，竖向不同深度的承压水位降深均越小。

2　坑外水位降深在隔水帷幕底端最大，靠近承压含水层顶部的水位降深最小，从隔水帷幕底端向下，水位降深也逐渐减小。

3　观察点离降水区域越近，承压水位降深沿深度的分布越不均匀，地下水三维流特征越明显。观察点离降水区域越远，承压水位降深沿深度的分布越均匀，地下水近似水平流。

4　观察点离降水区域越近，水平面内降落漏斗的斜率也越大。

4.1.3　水文地质勘察等级的划分主要应考虑：工程降水区域内水位降深、单位降深可能造成的地面沉降量的大小、降水环境保护等级。地下水控制可能涉及多个承压含水层时，应分别确定其勘察等级。微承压水含水层由于压缩性大，降水诱发的沉降相对较大，应针对减压降水风险大、降水对环境影响大的含水层进行重点分析。

以上海轨道交通 4 号线董家渡隧道修复工程为例，水文地质勘察等级按表 4 确定。

表 4　建设工程水文地质勘察等级

减压降水环境保护等级	地下水控制目的含水层（设置悬挂式帷幕）	工程主体范围内含水层水位降深控制值 s(m)	勘察等级
一级	第一承压含水层（⑦层）	33.00($s\geqslant10$)	甲级
	第二承压含水层（⑨层）	5.00～6.00($5\leqslant s<10$)	乙级

4.1.4　当落底式隔水帷幕内的水位降深比较大、隔水帷幕有缺陷时，由于帷幕内外具有较大的水头差，地下水控制风险依然较大，因此，开展水文地质勘察工作有利于风险控制。

4.2　勘察纲要

4.2.1　本条规定了建设工程水文地质勘察工作实施前应搜集的资料。进行水文地质勘察之前，必须了解与工程有关的含水层的空间分布规律，否则水文地质勘察纲要的制定就缺乏针对性；所以，拟建工程场地的岩土工程勘察成果是制定水文地质勘察纲要的重要依据之一。

地下空间开发需要解决的主要水文地质问题之一是防止承压水突涌，并控制降水诱发的周边地层压缩。工程主体范围外容许的水位降幅和沉降，取决于环境的保护要求，场地周边的环境条件是评价承压水位下降对环境影响的前提条件。

4.2.2　本条规定了勘察纲要的内容。勘察纲要是对勘察工作的全面策划，对确保勘察质量极为重要。无勘察纲要进行野外施工则违反了 ISO 9001 质量体系过程控制的基本规定。

4.2.3　本条规定了勘察纲要的技术要求。

1　经抗承压水突涌稳定性验算，确定减压降水目的含水层及水位降深要求后，才能明确水文地质勘察的主要工作对象、选择合理的现场试验方法与试验设备等；

2 根据减压降水井滤管与隔水帷幕深度的关系，基坑减压降水的类型可分为：落底式帷幕降水、悬挂式帷幕降水、敞开式降水。不同的降水类型引起的渗流场流态具有明显不同的特征，减压降水类型预分析是针对性地布置勘察工作量的重要依据。

3 对于设置悬挂式隔水帷幕的承压含水层而言，承压水位对建设工程具有重要影响，承压水位下降对周边环境安全具有不利影响。因此，在水文地质勘察中，应将需减压降水且未被隔水帷幕隔断的含水层作为现场水文地质试验的重点关注对象。

4 试验孔结构应由具有工程降水实践经验的工程师确定，并采用不同的滤管长度，以供比选。合理的短滤管井结构可以减少降水对环境的不利影响。

5 勘探孔的质量将影响现场试验精度与成败，因此勘探孔施工需采用合理的成孔工艺、合适的施工材料及相应技术措施，其施工过程及工后验收均应满足质量控制要求。

上海苏州河深层调蓄隧道的工作井开挖深度已达到60m左右，需要对第二、第三承压含水层采取减压降水措施。在现场水文地质试验中，第二承压含水层中的减压井深度为90m，第三承压含水层中的减压井深度达到140m。采用了气举反循环和泵吸反循环成孔、旋流器除砂等施工工艺，施工质量满足设计要求。

超深减压井的钻探工艺设计、设备选型、现场管理等，专业性强、技术难度高，应由具备类似经验的工程师负责。

6 现场试验期间的监测内容一般包括水位、孔压、分层沉降和地表沉降。

7 应根据场地试验含水层的水文地质条件分析、拟采用的现场试验类型与方法等，采用合理的试验资料分析计算方法，明确需要得到的现场试验成果。

8 应根据拟建工程性质、拟建场地水文地质条件与周边环境条件、委托要求以及设计要求等，明确水文地质评价的工作方法、主要内容与分析成果等。

4.3 勘察工作量布置

4.3.1 鉴于建设工程水文地质勘察的特殊性，在要求充分利用现有岩土工程勘察成果的基础上，规定了若干技术要求。

1 由于上海地区含水层的各向异性渗透性质、隔水帷幕的阻水效应以及减压降水井的非完整特性对渗流场流形态具有重要影响，缺乏合适的解析法分析含水层(组)性质与计算参数。上海地区通常采用数值法模拟渗流场，进行地下水渗流分析与计算。数值模拟方法要求建模的平面和竖向范围较大，且边界位置对数值分析计算精度影响较大，故提出相关要求。参照现行上海市岩土工程勘察规范的相关规定，对控制地层中的勘探点(孔)的间距提出了要求。

2 由于拟建场地以外难以进行现场试验，且为节约现场勘察工作量，明确要求建设工程用地界线以外以搜集资料为主。

3 古河道或地层起伏较大区域，水文地质条件的变化与差异性均较大，因此，一般需要增加现场勘探点(孔)数量，以提高勘察精度与保证勘察成果的可靠性。

4 控制孔进入地下水控制目的含水层下伏地层的深度不小于5m，其目的是为了了解下伏地层渗透性质及其对地下水控制的影响。

5 静力触探具有快速、连续、定量等优点。上海地区静力触探深度已经可以突破第⑨层，可达110m左右。宜先进行静力触探，再安排钻探，有的放矢确定取样深度与取样数量。

6 含水层的渗透系数与级配密切相关。另外，需根据含水层骨架的级配曲线，确定合理的降水井滤料规格。

7 地下水控制引起的含水层水位下降，导致含水层上覆或下伏弱透水层中的孔压降低，地层产生压缩变形。需采集相关地层的物理力学参数，进行地下水控制对周边环境影响的分析与预测。

8 地下水回灌对于保护环境、保护水资源均有重要意义。进行水质分析，有利于合理选择水质处理工艺。

4.3.2 在现场水文地质试验中，当同一含水层布置的水位观测孔不少于3口时，可以根据试验资料作出 s-lg$r$ 曲线，有助于加深对地下水渗流场的认识。针对不同的地层组合、不同的隔水方案，水文地质勘察的重点也应该不同。为保证勘察工作量的有效投入，应根据具体情况针对性地设计勘察方案和确定勘察工作量。水文地质参数的测试与计算具有不确定性，充分与有效的工作量有助于减小参数的离散性。

上海地区地下空间的开发力度在迅猛加大。例如，上海苏州河深层调蓄隧道的竖井开挖深度达到60m左右，上海硬X射线竖井开挖深度达到45m，承压水控制成为工程建设的重要风险源之一。为规避建设工程风险，制定工程设计方案时应了解与掌握第二、第三承压含水层的水文地质条件及其对建设工程的重要影响，为此，需布置合理的现场勘察工作量，实施水文地质勘察后，获得可靠的水文地质勘察成果，为设计与工程决策提供依据。

4.3.3 采用孔隙水压力仪对弱渗透性地层进行观察，可以增加试验数据量、深化后期评价力度。值得注意的是，不同厂家的孔隙水压力仪的质量有显著差别，选用优质的孔隙水压力仪是试验成功的前提。

4.3.4 不同的地貌单元之间，水文地质条件差异性较大。为保证勘察成果的可靠性，不同地貌单元内需分别确定勘察等级、布置勘察工作量。

上海地铁10号线的工程实践表明，古河道区微承压含水层的降水导致的压缩量较大。当减压降水导致微承压含水层水位下降时，对周边环境的不利影响较大。因此，有必要针对不同地貌单元适度增加现场勘察工作量。

4.3.5 在水文地质勘察阶段，绝大多数工程场地尚未设置隔水帷幕，无阻隔地下水渗流场扩展的屏障，因此，应重视试验期间对周边环境的监测与保护。现场试验场地与保护对象之间应有适当距离；群孔抽水试验的抽水孔应距离管线、管廊、轨道交通设施、历史保护建筑等环境保护对象30m以上。

4.3.6 当利用抽水试验孔作为回灌试验孔时，井结构应满足回灌孔的技术要求，以保证回灌试验精度与试验成果的可靠性。

4.3.7 采用分层标监测地层的分层压缩，可以对降水诱发的沉降有机理性的认识，有助于预估工程降水诱发的地面沉降，对隔水帷幕深度提出合理的建议。

1 地下水位、单孔涌水量及孔隙水压力监测资料，主要用于水文地质条件分析与水文地质参数计算。孔隙水压力、地面沉降、土体分层沉降及周边环境沉降监测资料，主要用于分析、预测地下水控制对周边环境的影响。

2 监测半径宜根据水文地质参数的经验值预估，并不宜小于80m。

3 为有效分析地面沉降的空间分布形态，地面沉降监测点间距不宜大于10m，且监测剖面线不宜少于4条。

4 群井试验的目的之一，是为了获得含水层水位下降引起地面沉降的监测资料，以便分析、了解和掌握地面沉降机理。由于地层变形具有一定的滞后性，群井试验的时间不宜小于10d。如现场条件许可，群井试验的持续时间延长至15d较为合适。

5 通过各种监测资料之间的相互验证与分析，能及时发现试验异常情况，便于分析原因及采取纠正措施。

5 水文地质试验与监测

5.1 一般规定

5.1.1～5.1.3 常用水文地质试验方法包括单孔与群孔稳定流抽水试验、单孔与群孔非稳定流抽水试验和微水试验等多种现场试验方法。试验方法的选用与相应试验内容应具有针对性，应能达到勘察目的，能准确反映现场水文地质条件，并满足工程设计与施工需求。

水文地质试验期间的监测项目，包括现场试验区内水位观测、孔隙水压力量测、地面沉降与土体分层沉降监测，以及周边相邻建(构)筑物与市政设施等保护对象的沉降监测等，应根据试验要求、地下水控制需求及环境条件等综合确定。为保证试验数据采集连续及保证测量进度，宜采用自动化监测方法测量、记录各试验孔的水位变化。

5.1.4 为保证试验成果的可靠性及较准确分析试验对环境的影响，监测宜与现场试验同步进行。监测项目的初始值应在现场试验开始前 7d 测定，并取至少连续 3 次稳定测量值的平均值或中值，以保证监测资料的可靠性。

5.2 地下水动态观测与测试

5.2.1 地下水动态观测的主要目的，是为了掌握采取地下水控制措施前后的水位动态及涌水量变化特征，为地下水控制及其对工程安全与环境影响等提供分析与评估依据。当地下水控制出现异常时，通过观测水温与水质、相邻工程地下水降排水量或天然溢出量的动态特征，有助于分析原因、制定对策。

5.2.2 为节约现场勘察工作量及保证足够的监测资料，地下水动态观测宜利用已有的勘探孔、试验孔、水井和泉。

1 气象和水文的变化对不同地层中地下水动态均有一定的影响，为准确分析地下水动态，应掌握地下水动态观测期间的气象和水文资料。

2 地表水体是地下水的重要补给源之一，因此，在观测地表水体与地下水水力联系时，应同时观测地表水体的动态。

3 各观测点的同一观测项目应在同一天进行，可避免因时间差引起的分析与计算误差，提高勘察成果的可靠性。

5.2.3 地下水动态观测孔(点)的布置，应能掌握地下水控制影响范围内的地下水动态。随着观测目的变化，观测孔的布置也各不相同。本标准参照现行国家标准《供水水文地质勘察规范》GB 50027的相关规定，提出了地下水动态观测孔(点)的布置要求。

1 通过分层设置的地下水动态观测孔(点)的监测资料，对比分析地下水位的时空变化特征，可查明各含水层之间的水力联系程度。

2 当地下水渗流形态变化较大时，应获得边界附近监测孔(点)的监测资料，以便掌握较准确的边界处地下水位动态资料。

3 污染源沿平行与垂直地下水流向的扩散速率与形态存在较大差异，且与地下水动态密切相关，地下水动态观测孔(点)应平行和垂直地下水流向布置。

4 在垂直于地表水体岸边线的方向上，地下水和地表水之间的水力联系程度变化最大、最明显，随着远离地表水体岸边线，地下水和地表水之间的水力联系程度将由强变弱。为查明地下水和地表水之间的水力联系的地下水动态观测孔(点)，宜垂直地表水体的岸边线布置。

5 通过漏斗中心布置相互垂直的两条观测线，便于对观测资料进行分析，了解和掌握建设场区及周边地段的地下水降落漏斗的空间分布性质。

5.2.4 观测精度要求与现行国家标准《供水水文地质勘察规范》GB 50027 的相关要求一致。

5.2.6 地下水污染发展趋势与地下水渗流场的性质（流速、流向、等势线等）密切相关，上海地区区域性地面沉降的发展也与地下水动态存在紧密联系。因此，本条强调了地下水流速与流向测试的必要性与重要性。

5.2.8 人工放射性同位素稀释法或示踪剂法是确定地下水运动状态要素的有效测试手段。采用人工放射性同位素可测定松散含水层中地下水渗流速度、平均孔隙流速、流向、有效孔隙度和弥散率等参数，进而可确定含水层的渗透系数、水动力弥散系数和弥散度。根据示踪剂法现场试验可准确测定地下水流向、平均孔隙流速和渗流速度等。

5.3 抽水试验

5.3.1 本条规定了抽水试验孔的结构要求。

1 单井涌水量受含水层性质、降水井结构以及成井质量等多种因素的影响，难以通过理论计算确定降水井的合理涌水量。为了减小地下水控制设计误差与运营方案偏差，抽水孔的结构宜与拟采用的工程降水井结构基本一致，以便通过试验确定相同含水层中，相近成井质量与相似井结构的工程降水井的合理涌水量，为设计与施工提供依据。

2 抽水孔的结构应与含水层的性质相对应，其设置应便于水文地质模型简化与应用，以便于选用合适的解析计算公式进行水文地质参数计算。

5.3.2 本条规定了现场试验中水位观测孔的技术要求。

1 关于观测孔的数量

观测孔的数量与所采用的计算公式的要求有关。为了能使用同一资料采用多种方法进行计算，相互比较、验证，故规定同一观测线上的观测孔数量不宜少于2个。

2 关于观测孔与抽水孔的距离

为计算参数所用的观测孔与抽水孔的距离，应取决于从观测孔中测得的水位降深值是否符合计算公式的要求。例如，常用的计算公式 $s=\frac{Q}{2\pi kM}\ln\frac{R}{r}$ 仅适用于地下水为层流和二维流的情况，不考虑在产生紊流和三维流时所造成的水头损失。因此，从观测孔中测得的水位下降值应满足上述公式的适用条件。

一般，当观测孔与抽水孔的距离 $r \geqslant M$（含水层厚度）时，紊流、三维流对观测孔中水位降深的影响很小，对计算精度的影响较小。因此，本条规定，最近的观测孔与抽水孔的距离不宜小于含水层厚度。三维流的影响与抽水孔的出水量及过滤器直径有关，如抽水孔出水量很小、过滤器直径较大时，则最近的观测孔与抽水孔的距离可适当减小。

关于最远观测孔与抽水孔的距离，应保证观测孔中测得的水位降深易于达到稳定且不受含水层边界的影响，以便于资料分析和采用多种方法计算水文地质参数，也可减小测量时的观测误差。距抽水孔最远的观测孔内水位下降值不宜小于20cm，以保证试验成果的可靠性。

上述规定是为了利用观测孔中的水位下降值求解水文地质参数而制定的。若是为了实测影响范围或其他用途，则可不受其限制。

3 关于观测孔过滤器的设置

对观测孔过滤器的设置，要求置于同一含水层、同一深度，过滤器长度相同，以增加可比性，为分析、利用资料提供方便。

5.3.3 本条规定了现场抽水试验的基本技术要求。

1 关于抽水孔的布置

抽水孔的布置应尽量远离重要的或需要采取保护措施的建

(构)筑物,以减小抽水试验产生的不利影响。当场地内水文地质条件复杂或变化较大时,应针对不同的水文地质单元,分别设置抽水孔进行抽水试验。抽水孔的结构形式及抽水试验含水层应根据工程性质及场地的地质与水文地质条件等因素确定。

2 关于水位观测孔的布置方向

当地下水存在坡度(尤其是水力坡度较大时),在不同方向上的水头损失是不同的。因此,需要根据试验的目的确定观测线的布置方向。例如,为计算水文地质参数,观测线常垂直于地下水流向布置,以减少水力坡度对参数计算精度的影响;若为了测量不同方向的非均匀性和实测抽水的影响范围,可根据具体目的布置观测线;若需要查明边界条件时,应在边界有代表性的地段布置观测孔。

3 在富水性强的大厚度含水层中,对于设置有限长度过滤器的抽水孔而言,抽水试验的影响深度是有限的。因此,可将含水层沿垂向划分几个试验段,也可根据需要对其中一段或几段进行分段抽水试验。

4 当地下水控制涉及多层含水层、需了解掌握各含水层性质时,应通过分层抽水试验及分析,评价各含水层的水文地质条件。

5 采用数值法分析场地水文地质条件时,常需要反演水文地质参数,或识别和检验数值模型的合理性,因此,需要模拟域的水量、水位和边界条件方面的资料。为满足这些要求,唯通过大流量、大降深的群孔抽水试验才能达到目的。

当水文地质条件简单,通过常规手段能够查明补给和边界条件,利用地下水的自然动态资料能满足数值法计算和分析要求,就不必进行群孔抽水试验;反之,当计算域地下水赋存条件复杂,其补给和边界条件难以查明时,则必须进行大流量、大降深的群孔抽水试验。

群孔抽水试验应以非稳定流抽水试验为主,因为建立数值模型所需要的含水层导水系数(T)、释水系数(S)、越流系数(B)及给水度(μ)等参数,用稳定流抽水试验是无法获得的。

6 自然水位是抽水试验的基础资料,必须正确测定和获得。若抽水前后自然水位发生变化,应分析原因(如降雨、气压、相邻工程降排水等),予以校正。

7 为保证试验资料与成果的可靠性,抽水试验时应防止抽出的水在抽水影响范围内回渗到含水层中。

8 为避免采用不同方法与工具引起的观测误差及由此引起的误分析和误判,在同一组试验中,应采用同一方法和工具观测水位。

10 为保证水样真实反映地下水水质,水质分析水样宜在抽水试验结束前采集。

11 考虑到利用恢复水位资料计算水文地质参数的需要,恢复水位的测量应按非稳定流试验的观测时间间隔进行。

12 当抽水试验孔内沉淀物较多时,表明某些方面出现了异常,应避免由此引起的试验误差与成果偏差。因此,在抽水试验结束后,应检查孔内沉淀情况,且当孔内沉淀物较多时,应分析原因,必要时应进行处理及进行补充抽水试验。

13 抽水孔是临时性抽水装置,运行时间短,与长期使用的供水井存在较大差异。因此,抽水试验中抽出地下水的稳定含砂量体积比不大于1/20000即可满足要求。

5.3.4 本条规定了稳定流抽水试验应满足的技术要求。

1 稳定流抽水试验的水位下降次数不宜少于3次的主要目的包括3个方面:

1) 可获得抽水孔的抽水试验特征曲线,以便正确选择计算水文地质参数的公式。
2) 可推算单孔涌水量。
3) 便于验证水文地质参数计算是否正确,采用3次不同降深计算所得的水文地质参数应基本一致。

2 判别抽水试验中地下水位变化是否已达到稳定状态时，应考虑自然水位是否发生变化及其对抽水时动水位的影响。

3 根据含水层的类型、补给条件、水质变化和试验目的等因素，稳定延续时间可适当调整。

规定稳定延续时间，主要是为了检查抽水试验地段，由抽水孔中抽出的水量与地下水对抽水孔的补给量是否已经达到平衡。在补给条件较差的地区，应特别注意试验是否已达到稳定，必要时应延长稳定延续时间。

5.3.5 某些非稳定流计算公式中，抽水试验的出水量可以不保持常量，或呈阶梯流量进行。所以不排除根据勘察工程的具体情况而选用相适应的抽水试验技术要求，以满足计算公式的需要。

5.3.6 群孔抽水试验属于两个或两个以上的抽水孔同时抽水的现场试验。当已获得部分单孔抽水试验资料与成果时，可利用群孔抽水试验检验单孔抽水试验资料与成果的可靠性，并据此调整后期现场试验方案与水文地质勘察方案，并可分析勘察区域的地下水动态平衡特性以及工程降水的可行性。当有与群孔抽水试验相对应的环境变形监测资料时，可借助于群孔抽水试验成果分析、预测勘察区工程降水对周边环境的影响。

5.3.8 微水试验又称“冲击试验”(slug test)，其方法为：当试验孔内水位趋于稳定后，瞬间向孔内注入或从孔内取出一定体积的水，然后观测孔内水位的恢复情况。根据恢复水位观测资料，可计算含水层的水文地质参数。

5.4 环境监测

5.4.1 现场抽水和回灌试验时应对环境进行监测，以了解和分析地下水控制对环境的影响或地下水回灌对环境保护的可行性。监测内容一般包括地面沉降、地层变形以及既有建(构)筑物、管线的变形，也可以在地层中布置孔隙水压力计，以了解地层中水位(水头)变化及相互之间有无水力联系。对于变形监测应保证必要的观测时间(不少于2周),时间太短尚不够反映变形情况。

5.4.2 监测工作是精度要求高而又多次重复作业的工作,应将监测中的系统误差在二次观测值之差中得以消除,相同的条件下观测,有利于监测精度的保证。

水文地质勘察中的沉降观测,由于时间短,总沉降量小,一般为数毫米至数厘米,对其监测精度要求较高,因此,对测量设备、测量人员的要求也要提高。

5.4.3 基准点要设置在稳定的地方,不受自身试验的影响,也要考虑周边有否工程活动,如有影响也要避开。

监测精度应根据监测对象预计的累计值或变化速率确定,可参见现行行业标准《建筑变形测量规范》JGJ 8和现行国家标准《建筑基坑工程监测技术规范》GB 50497相关规定执行。

5.4.4 目前市场上孔隙水压力计种类较多,常用的有振弦式、电阻式、压阻式、电阻应变片等。振弦式传感器输出为频率,不受测量电缆的长度而影响测值,抗环境能力较强,不受绝缘电阻大小而影响测值,长期稳定性很好;电阻式传感器输出为电阻阻值模拟量,受测量电缆的长度和绝缘电阻大小而影响测值,长期测量有漂移;压阻式传感器输出有阻值、电压、电流等模拟量,受测量电缆的长度和绝缘电阻大小而影响测值,长期测量有漂移;如果电阻式传感器与压阻式传感器输出都做成RS-485标准,基本可弥补上述缺陷。

在孔隙水压力计选择时要考虑量程和精度,应根据预计压力选择量程,根据预计变化量选择合适的精度,确保数据准确。

5.4.5 孔隙水压力计饱和很重要,直接影响采集数据的准确性,是施工时的控制重点。电阻式孔隙水压力计标定时应连接实际深度的电缆线,消除电缆长度的影响。

5.4.6 孔隙水压力计埋设段钻孔法成孔不宜采用泥浆护壁,影响孔壁的透水性能。孔隙水压力计埋设后,上部及时用膨润土或注浆封闭，保证上下含水层不贯通。

5.4.7 土体分层（深层）竖向位移可采用深层沉降标、磁性分层沉降仪、多点位移计等测定，目前考虑经济性和可靠性，一般采用深层沉降标。

5.5 资料整理与分析

5.5.1 本条强调了现场试验与勘察资料的真实性、完整性与可靠性，并要求在现场勘察工作结束前完成对所获得资料的校正、补遗。

5.5.2 为保证勘察成果的有效与可靠性，应对搜集的资料进行检验及对其可靠性作出评价，并说明引用资料的来源。

5.5.3 本条规定了原始资料整理的工作流程与总体技术要求。

5.5.4～5.5.6 在现场及时整理抽水试验资料后，根据试验曲线可初步分析含水层的性质及试验是否正常进行。根据 $\lg s\text{-}\lg r^2$、$\lg(\Delta h^2)\text{-}\lg r^2$ 可初步判别漏斗形态及影响半径。

5.5.7 本条规定了抽水试验资料分析应满足的基本要求。

1 编制各类试验成果图表是整理和分析试验资料的最常用方法。各类试验成果图表是现场试验成果的重要组成部分，是检查试验各阶段是否正常的工具，也是形成水文地质勘察成果的重要基础。

2 现场试验成果是反映拟建场地水文地质条件的重要基础资料，是分析评价水文地质条件及计算各类水文地质参数的基础依据。

3 试验资料整理与分析中，可通过对现场试验成果的评价，分析与判断勘察成果的可靠性。

6 回灌试验

6.1 一般规定

6.1.1 上海地区浅层潜水含水层骨架以夹砂的黏性土为主，局部地区为层厚较小的②、③层的粉土夹层，其渗透性较差，地下水回灌能力弱、回灌效果差。因此，地下水回灌主要针对以粉砂与砂为主、受地下水控制影响导致地下水位下降的微承压含水层及承压含水层。为分析地下水回灌可行性及评价回灌效果，回灌试验宜在微承压含水层及承压含水层中进行。

6.1.2 地下水回灌试验的主要目的包括：通过试验了解回灌引起的地下水控制目的含水层水位抬升效果，结合相应的环境变形监测资料，分析地下水回灌对减小环境变形的影响；了解和分析地下水回灌对拟建场地和周边地区的地下水动平衡的影响，评估地下水回灌对地下水资源保护的有效性；当需要采取注入药液等措施处理浅层污染地下水时，通过回灌试验了解和分析采用药剂混合液回灌的可行性。

6.1.3 本条规定了回灌试验目的及应满足的技术要求。

1 规定回灌孔的工后休止期，是为了防止回灌水沿管壁外侧上升进入相邻含水层或发生地面喷溢现象。

2 回灌试验的一般流程为：试验开始前，开启抽水孔抽水使试验区水位下降并已趋于稳定，形成一个处于动平衡状态的降落漏斗；然后，开启回灌孔对漏斗区域进行地下水回灌试验，观测回灌量、恢复水位、环境变形等。本款回灌量的规定是基于建设工程回灌经验制定，以确保回灌井施工质量与回灌效果。

3 本款规定是为了保证回灌试验的有效性及可靠性。

6.1.4 本条规定了回灌试验孔应满足的结构要求。

1 对滤料充填高度的要求，是为了预防滤料损失导致地下水回灌量下降及回灌孔淤塞。

2 对黏土球封闭层厚度的要求，是为了预防回灌水窜入相邻地层。

3 强调在黏土球封闭层顶至地面之间的管外侧环状空隙内采用注浆或素混凝土充填，其目的是避免加压回灌时的回灌水沿管壁外侧向地面喷溢。

6.2 技术要求

6.2.1 本条规定了回灌试验应满足的技术要求。

1 关于回灌孔的布置原则，与抽水孔基本相同。

2 观测线垂直于地下水流向布置，是为了减小水力坡度对恢复水位观测资料及参数计算精度的影响；回灌孔数量不宜少于3个，主要是为了观测水位恢复规律及确定回灌影响半径；观测孔间距的限制是为了有效观测回灌后的恢复水位。

3 当地下水回灌涉及多层含水层、需了解各含水层的回灌可行性时，应针对回灌目的含水层分别进行独立的回灌试验。

9 通过同步测量地表沉降、土体分层竖向位移，获得与回灌试验相对应的监测资料，评估地下水回灌控制环境变形的可行性及效果。

6.2.2 回灌试验的目的之一，是为了观测回灌引起的水位抬升效果，因此，回灌试验宜进行至水位趋于稳定。

6.2.3 群孔回灌试验属于两个或两个以上的回灌孔同时回灌的现场试验。当已获得部分单孔回灌试验资料与成果时，可利用群孔回灌试验检验单孔回灌试验资料与成果的可靠性，并据此调整后期现场试验方案与水文地质勘察方案，并可分析勘察区域的地下水动态平衡特性以及地下水回灌的可行性。当有与群孔回灌试验相对应的环境变形监测资料时，可借助于群孔试验成果分析、预测勘察区地下水回灌对周边环境的影响。

6.2.4 根据目前的地下水回灌经验，以不对地下水形成新的污染为准则，回灌水源可采用自来水或经水质处理后的同层地下水，也可采用经水质处理后水质不劣于回灌目标含水层的异层地下水。

6.2.5 当采用自然回灌时，孔口回灌水压力不大于回灌水源的压力。当地下水回灌量不理想、地下水位恢复不明显或回灌效果较差时，可采用加压回灌，即在孔口处设置增压泵，对回灌水源施加附加压力（或称“回灌压力”），以期增大回灌量、促进地下水位抬升、改善地下水回灌效果等。回灌压力应根据回灌目的含水层层顶埋深、动水位等因素综合确定，加压过程中应按从小到大的递增方式逐步加大回灌压力，至回灌效果有明显改善时停止增加回灌压力。应避免回灌压力值过大导致地面产生回灌水喷溢现象。

6.3 资料整理与分析

6.3.2 本条规定了现场整理回灌试验资料时应满足的技术要求。

1 在现场及时整理回灌试验资料后，根据试验曲线 Q_h-t 可初步分析地下水回灌的可持续性，为后期工程建设期间的回灌确定合适的回扬时间间隔提供依据；根据试验曲线 Q_h-s_h 可初步分析地下水回灌效果。

2 根据 $\lg s_h$-$\lg t$、s_h-$\lg t$ 曲线，可分析回灌试验状态及确定合适的试验持续时间；根据水位变化趋于稳定的 $\lg s_h$-$\lg r^2$ 曲线，可初步判别回灌后的水位恢复形态及回灌影响半径。

3 当有地层变形观测资料时，根据对应观测孔的恢复水位与地层变形关系曲线 s_h-ε，可分析地下水回灌对环境变形的影响。

6.3.3 本条规定了回灌资料分析应满足的基本要求。

1 编制回灌试验成果图表是整理和分析回灌试验资料的最常用方法。回灌试验成果图表是回灌试验成果的重要组成部分，是检查试验各阶段是否正常的工具，也是形成评价回灌可行性与效果的重要基础。

2 回灌试验成果是反映拟建场地回灌特性的重要基础资料，是计算各类回灌参数的基础依据。应根据回灌试验成果确定单孔回灌影响半径、水量回灌率、地下水位回灌效应等参数，为地下水回灌设计与施工提供依据。

3 室内回灌试验资料整理与分析中，可通过对回灌试验成果的评价，分析与判断回灌试验成果的可靠性。

7　水文地质参数计算

7.1　一般规定

7.1.1　当采用解析法计算水文地质参数时，所选计算公式的适用条件（相应数学模型求解的定解条件）应与实际水文地质条件相一致。当含水层性质变化较大或计算区域内存在对渗流场影响较大的地下障碍物、隔水帷幕，宜采用数值法计算水文地质参数。

7.1.2　观测孔水位变化反映了含水层水位的真实变化，不受抽水泵的波动干扰、抽水孔附近紊流及三维流对水位降深的影响。利用观测孔水位资料计算含水层参数时，较易于选择合适的计算方法和公式。

7.1.3　除渗透系数、给水度、储水系数及单井影响半径外，水文地质参数还包括压力传导系数、导水系数及越流系数等，可根据现场条件及设计计算的需要选用。

7.1.4　本条规定了水文地质参数计算应满足的基本要求。

1　解析法计算公式的求导受相应地下水渗流数学模型定解条件的限制。运用解析法计算水文地质参数计算时，现场水文地质条件应与计算公式的适用条件一致，即：含水层应基本均质（性质变化不大），水平向等厚度无限延伸（层厚变化小、侧向边界位于影响半径之外），初始地下水位线基本呈水平状态（水力坡度小）。

2　采用数值法时，所建立的勘察区含水层（组）的数学物理模型应真实反映边界条件、主要含水层（组）的水文地质特征、地下水降排水条件、隔水帷幕的性质等。

7.2 渗透系数

7.2.1 本标准仅给出了观测孔中的 s-lg$r$ 或 Δh^2-lg$r$ 关系曲线呈直线时，利用稳定流抽水试验资料计算渗透系数的计算公式，简明实用。利用稳定流抽水试验资料计算渗透系数的其他方法与公式，应按现行国家标准《供水水文地质勘察规范》GB 50027 及《冶金工业水文地质勘察规范》GB 50615 的规定合理选用。

7.2.2 当抽水试验时地下水无越流补给，而且含水层无界（水平向无限延伸），可利用非稳定流抽水试验资料，采用表 F.0.2 中的配线法、直线图解法及相应的计算公式进行参数计算。

当采用配线法时，实测曲线与标准曲线的重叠段不应少于 1 个对数周期，否则将影响参数计算精度。

当采用直线图解法时，应满足 $u=\dfrac{r^2S}{4kMt}\leqslant 0.01$ 的要求。

7.2.3 当抽水试验时地下水有越流补给，而且含水层无界（水平向无限延伸），可利用非稳定流抽水试验资料，采用表 F.0.3 中的配线法、拐点法及相应的计算公式进行参数计算。

当采用配线法时，实测曲线与标准曲线的重叠段不应少于 1 个对数周期。

当采用 Hantush 的拐点法时，应满足 $u=\dfrac{r^2S}{4kMt}\leqslant 0.01$ 的要求。

7.2.4 当利用抽水试验的恢复水位资料计算参数，由于水位没有波动等干扰因素的影响，所获得的原始数据精度比抽水试验时获得的原始数据精度高。在选用公式时，应注意抽水试验结束前动水位的变化状态。

停止抽水前，若抽水孔内动水位已稳定，可根据恢复水位观测资料绘制曲线 s'-lg$(1+t_c/t')$，据此确定曲线斜率，代入相应公式进行计算。

停止抽水前，若抽水孔内动水位没有稳定，仍呈直线下降时，承压含水层的渗透系数可采用下述公式计算：

$$k=\frac{Q}{4\pi Ms'}\ln\left(1+\frac{t_c}{t'}\right)$$

7.2.5 为保证配线法的拟合计算精度，恢复水位宜采用自动化监测手段进行观测，以增加水位观测密度和精度。利用微水试验测得的水位恢复资料、采用配线法计算参数时，实测曲线与标准曲线的重叠段不应少于1个对数周期。

7.3 给水度和储水系数

7.3.1～7.3.3 给水度可采取实验室法、现场原位测试法、抽水试验法和经验系数法等确定，储水系数一般采用抽水试验法确定，以上方法均有不完善之处：实验室法需要的原状土难以采集；现场原位测试法比较麻烦，而且受示踪剂性质的影响较大，难以评判测试结果的准确性；由于自然界含水层结构复杂多样，采用经验系数法确定确定参数的随意性较大；抽水试验法则受到求参公式的局限性而影响参数计算精度。因此，不能拘泥于一孔、一处、一种方法求得的参数，应从全局出发，将利用不同方法在不同地段求得的参数互相验证、综合对比后，最终确定。

7.4 单孔影响半径

7.4.1～7.4.3 影响半径采用二维稳定流理论的Dupuit公式进行计算。由于Dupuit公式的适用条件与实际不符，因此，计算结果是一个近似值。Dupuit公式要求抽水试验孔所抽取的地下水必须是从以抽水孔为圆心的圆环形周边定水头水源补给而来。这种要求只有在一个圆形岛状陆地中心处打孔抽水，而由岛周水体补给时才可能满足，此时影响半径为抽水孔中心至岛边沿的距离。显然，自然界几乎没有满足这种条件的抽水试验，计算所得到的影响半径也只能是在诸多条件限制下的近似值。

当缺少观测孔的水位下降观测资料时，影响半径可采用经验数据，也可采用下述经验公式计算：

承压含水层：

$$R^2 = a s_w^2 k$$

潜水含水层：

$$R^2 = b s_w^2 H k$$

式中：R——单孔影响半径(m)；

s_w——抽水孔内的水位下降值(m)；

k——渗透系数(m/d)；

H——潜水含水层厚度(m)；

a——单位面积承压含水层中抽水量的倒数(d/m)，特定情形下，$a=100$d/m；

b——单位宽度潜水含水层中抽水量的倒数(d/m^2)，特定情形下，$b=4d/m^2$。

7.5 回灌参数

7.5.1 回灌量是评估回灌可行性及回灌效果的重要定量指标。由于回灌初期的地下水回灌量通常不稳定，呈现逐渐减小的趋势，因此，取回灌量历时曲线 Q_h-t 趋于稳定的曲线段的回灌量平均值或中值作为单孔回灌量，对回灌可行性、回灌效果及回灌稳定性的分析才具有实际意义。

7.5.2～7.5.3 回灌影响半径与抽水影响半径的计算方法相同，所得计算值也只是近似值。

7.5.4～7.5.5 此两条根据上海地区最近十多年以来的地下水控制经验及相关研究，提出了关于地下水回灌效果及其对环境影响的定量分析与评估指标，包括水量回灌率 δ_Q、地下水位回灌效应 δ_{sh}、地层回弹回灌效应 δ_ε，并规定了相应计算方法。

8 水文地质分析评价

8.0.1～8.0.6 主要规定了水文地质分析评价所需的基本条件以及主要工作思路。水文地质分析评价应重视搜集类似工程的地下水控制经验，重视现场水文地质试验以及与地层结构相关的原位测试结果，并注意含水层骨架的不均匀性造成水文地质参数的不确定性。

8.0.7 地下水控制的主要方法包括隔水、降排水以及地下水回灌等。明确受地下水控制影响而需要采取保护措施的环境对象，其目的是为地下水控制一体化设计与施工提供依据。

8.0.8 上海地区建设工程的承压水降水井及回灌井的滤管长度，可参照表5确定。

表5 工程降水井滤管长度建议表

承压含水层性质	降水井滤管的最小长度(m)	
	工程主体内承压水位降深 ≤4.0m	工程主体内承压水位降深 >4.0m
黏质粉土、砂质粉土	≥8	≥10
粉土与粉砂互层	≥5	≥8
粉砂、细砂、粗砂	≥3	≥6
砾石	≥2	≥3

上海地区建设工程的隔水帷幕深度控制要求，可按表6确定。

当需要采取减压降水措施的工程主体宽度大于30m、无相关使用经验时，隔水帷幕底端与降水井滤管底端的高差可按表6中的取值乘以修正系数，即：$\Delta_b = \Delta \cdot \frac{b}{30}$，式中 b 为需要进行减压降水的工程主体宽度(m)。

表6 减压降水井滤管与悬挂式隔水帷幕的相对埋深建议表

工程主体内承压水位降深 s(m)	隔水水帷幕底端与降水井滤管底端的高差 Δ(m)	备注
$s \leqslant 5$	$1 \leqslant \Delta < 3$	1. 降水井布置于工程主体范围内坑内； 2. 滤管埋深小于隔水帷幕深度； 3. 需减压降水的工程主体宽度不大于30m
$5 < s \leqslant 10$	$3 \leqslant \Delta < 5$	
$s > 10$	$\Delta \geqslant 5$	

在上海地区建设工程中,当需要采取地下水回灌措施作为保护周边环境的辅助措施时,回灌设计参数可按表7确定。

表7 承压水回灌设计参数建议表

含水层性质	回灌井水平间距(m)	回灌效果	
		水量回灌率	地下水位回灌效应
粉土、粉砂	8～12	≥(0.2～0.3)	≥(0.2～0.25)
细砂	10～15		
说 明	1.为提高回灌效果,回灌井滤管宜设置于承压含水层顶部或上半段； 2.为减小对承压水位的不利影响,工程主体外回灌井滤管埋深应小于隔水帷幕深度		

8.0.9 为保证工程主体安全,提出工程降排水设计建议时应明确保证工程主体施工安全的水位降深控制值;应明确降水井结构参数以及单井涌水量建议值等,为工程降排水设计与施工提供可靠的参数。

8.0.10 地下水渗流数值模型应真实反映拟建场地的水文地质条件、工程性质及工况条件、降排水运营条件等,以保证较准确预测受地下水控制影响后的地下水渗流场时空分布。

在地下水渗流数值模拟中,应重视以下方面。

1 在进行地下水渗流模拟前，应认真做好技术准备工作，以保证模型输入参数的真实可靠性。

1）认真阅读与分析现有岩土工程勘察成果和水文地质勘察成果文件。

2）分析地下水控制目的含水层(组)的性质，包括各项物理力学性质指标及原位测试指标等。

3）在分析区域水文地质资料、拟建项目的现场抽水试验资料及类似工程地下水控制经验的基础上，综合把握地层的水力特性，给定地下水渗流数值模拟所需的计算参数。

2 建立物理模型时，应遵循以下原则：

1）可将与降水目标含水层水力联系较弱的若干地层作适当组合与合并，形成数量较少的地质层。

2）地下水控制目标含水层一般采用岩土工程勘察成果文件的地质分层。

3）对厚度较大的地下水控制目标含水层，在岩土工程勘察成果文件中未划分的黏性土薄层等水力特性有较大差异的亚层对渗流场有较大影响时，建模时宜根据真实地质条件将地下水控制目标含水层划分为若干地质层。

3 确定数值分析计算范围(计算域)时，应满足以下要求：

在设置模型的定水头边界条件时，定水头边界与降排水中心(或工程主体中心)的距离应根据含水层的水力特性确定，主要包括：

1）黏质粉土层中的定水头边界与降排水中心(或工程主体中心)的水平距离不宜小于600m。

2）砂质粉土层中的定水头边界与降排水中心(或工程主体中心)的距离不宜小于1200m。

3）砂层中的定水头边界与降排水中心(或工程主体中心)的距离不宜小于1800m。

4）碎石土及砾石层中的定水头边界与降排水中心（或工程主体中心）的距离不宜小于3000m。

定水头边界处的释水量，不宜超过总释水量的15%。可以此为原则，检查设置定水头边界的合理性。

物理模型的竖向底边界应延伸至地下水控制降水目的含水层的下伏隔水层顶面。

4 数值模型的网格剖分应满足以下要求：

1）网格的长宽比不宜大于2～3。

2）降排水区域及周边3倍降深的范围内，网格边长不宜大于20m。

3）在观测井附近，网格边长不宜大于3m。

4）隔水帷幕底端位置处，应设置层单元线。

5）降水井及回灌井的滤管顶端底端位置处，应设置层单元线。

5 初始地下水位的输入值需遵循以下原则：依据场地监测孔某一时刻的监测值，运用合适的插值方法确定数值计算网格中每个节点的地下水位值，作为初始流场。初始水位取值应满足以下要求：

1）承压含水层的初始水位，根据实测初始水位取值。

2）潜水含水层的初始水位，可取与其竖向距离最近的承压含水层的实测初始水位值。

6 应力期总长度应根据地层性质确定，且应满足以下要求：

1）碎石土或砾石层的应力期总长度不宜大于3*d*。

2）砂层、砂质粉土层的应力期总长度不宜大于5*d*。

3）黏质粉土层的应力期总长度不宜大于15*d*。

计算过程中，应力期长度可分别取1*d*，3*d*，5*d*，15*d*。当需要考虑弱透水层的越流性质时，应再增设一个应力期。

7 模型校正应满足以下要求：

1）应根据现场抽水试验资料，对模型参数进行识别。

2）可采用地下水数值模拟软件中的 PEST 模块，或采用试估调试法。

3）根据校正模型，对原方案进行复核。校正模型可作为设计依据。

8 计算结果核查和分析包括以下内容：

1）对隔水边界两侧的水位降深进行核查。

2）对地下水质量平衡进行核查。

3）对降排水区域的渗流场进行核查。经查询、确定降排水能力薄弱区段后，根据经验判断进行降水井数量与平面位置调整。

4）对比分析降排水区域内外的水位降深比例关系，并根据工程经验判断其是否合理。

5）当计算单元出现干涸现象时，该层单元内的井的滤管不再工作，渗流场出现异常，应采用简化方法消除（可在特定应力期设置零流量）。

8.0.11 地下水位下降引起附加环境变形的机理极为复杂。本标准根据多年来地下水控制引起环境变形的计算经验，提出了一种基于分层总和法的经验估算方法。

8.0.12 本条规定了地下水回灌建议应满足的基本要求。

1 根据含水层性质、单孔与群孔的回灌量、试验过程中的回灌量变化特征等，评价地下水回灌可行性。根据地下水回灌率、地下水位回灌效应及地层回弹回灌效应等指标，评价地下水回灌效应。

2 提出地下水回灌建议时，应提供回灌设计参数建议值，包括拟采用的回灌井结构参数、回灌井间距及单井回灌量、回灌压力等，为回灌设计提供依据。

3 为防止地下水回灌引起地下水污染，对采用的回灌水源提出水质控制要求。

4 保障地下水能持续、有效回灌的相关措施包括：回灌井的质量控制措施、回灌井的维护、合理的回扬措施和合适的回灌压力建议值等。

8.0.13 本条主要针对富水性等级为中等富水～强富水的含水层，通过分析评价，提出预防与控制地下水风险的相关措施。

1 工程降排水的允许断电持续时间应根据水位恢复试验曲线确定，其取值一般为地下水水位恢复10％所需的时间。

2 预防断电、保证连续降排水的措施一般包括设置双电源及断电时的电源切换措施及相关应急措施等。

3 预防降排水不足或过量，保证按需降排水的措施一般包括：地下水位与抽排水量的实时监控、降水井和抽水设备的安全储备及运营维护、降排水出现异常时的应急反应措施等。

4 控制降排水井施工质量、保证降排水能力的措施一般包括：成井施工工艺选择，施工参数控制要求，施工材料规格要求，洗井质量控制要求以及单井涌水量控制要求等。

5 从地下水平衡角度出发，提出当隔水帷幕质量缺陷引发渗漏、流砂等事故时，为应急抢险服务的辅助降排水措施。

8.0.14 为保证不利组合情况下地下结构的抗浮稳定性满足要求，施工过程中可采取的临时抗浮措施一般包括：①潜水层中设置临时泄水孔或利用降水井兼作泄水孔；②承压含水层中减压降水时间延长至地下结构满足抗浮要求为止，并可预留部分降水井作为临时泄压孔。

9 水文地质勘察成果文件

9.1 一般规定

9.1.1 水文地质勘察成果文件(即勘察报告)是勘察工作的最终成果,是地下水控制设计与施工的依据。水文地质勘察报告应依据工程性质、水文地质条件、周边环境等做出有针对性的水文地质评价,避免千篇一律。

9.1.2 水文地质勘察成果文件所依据的原始资料是第一性资料,应真实可靠,严禁弄虚作假,否则成果文件的可靠性无法保证。勘察报告提供的水文地质参数应在剔除不合理、异常或离散数据的基础上,经综合分析后提出,以确保提供的数据可靠。勘察报告应结合工程特点和场地水文地质条件,对设计与施工可能涉及的水文地质问题进行针对性评价,并作出明确的结论,提出相关合理建议。

9.2 成果文件

9.2.1～9.2.2 此两条是勘察报告的基本技术要求。

9.2.4 当工程需要或经专项委托开展的专项调查、勘察与咨询工作,需要提供专题报告。专题报告可根据工程需要或委托要求,针对相关内容予以编制、提供。根据工程建设与环境保护的实际需要,专题报告包括:“地下水控制安全性评估报告”“地下水回灌与环境保护评估报告”“专门水文地质问题的技术咨询报告”等。